农田废旧地膜污染防治80问

李少华　宝哲　汤秋香　等 编著

中国水利水电出版社
www.waterpub.com.cn
·北京·

内 容 提 要

为了加强农田废旧地膜污染防治，向广大农民普及农田废旧地膜的回收利用知识及技术，本书在广泛征求相关专家及农业生态环境保护一线工作人员的基础上编写而成。本书采用一问一答的形式，回答了农田废旧地膜污染防治的 80 个最基本、最关键的问题，主要内容包括：地膜使用基础知识；地膜污染形成及影响；地膜减量化及回收利用技术；降解地膜相关基础知识及应用情况；地膜污染治理政策措施；地膜污染治理相关法规、政策和标准。

本书适合作为农民培训教材和基层农技推广人员的参考书。

图书在版编目（CIP）数据

农田废旧地膜污染防治80问 / 李少华等编著. -- 北京 : 中国水利水电出版社, 2021.5
ISBN 978-7-5170-8131-9

Ⅰ. ①农… Ⅱ. ①李… Ⅲ. ①农用薄膜－污染防治－问题解答 Ⅳ. ①X71-44

中国版本图书馆CIP数据核字(2019)第233617号

书　　名	**农田废旧地膜污染防治 80 问** NONGTIAN FEIJIU DIMO WURAN FANGZHI 80 WEN
作　　者	李少华　宝　哲　汤秋香　等 编著
出版发行	中国水利水电出版社 （北京市海淀区玉渊潭南路 1 号 D 座　100038） 网址：www. waterpub. com. cn E-mail：sales@waterpub. com. cn 电话：（010）68367658（营销中心）
经　　售	北京科水图书销售中心（零售） 电话：（010）88383994、63202643、68545874 全国各地新华书店和相关出版物销售网点
排　　版	中国水利水电出版社微机排版中心
印　　刷	清淞永业（天津）印刷有限公司
规　　格	140mm×203mm　32 开本　6.875 印张　172 千字
版　　次	2021 年 5 月第 1 版　2021 年 5 月第 1 次印刷
印　　数	0001—2000 册
定　　价	**30.00** 元

凡购买我社图书，如有缺页、倒页、脱页的，本社营销中心负责调换

版权所有 · 侵权必究

编　委　会

主　　编	李少华	宝　哲	汤秋香	
副主编	靳　拓	居学海	习　斌	严昌荣
	薛颖昊	许丹丹	贺鹏程	李伟梵

参编人员（按姓氏笔画排序）

马　辉	艾尼瓦尔	史雷振	匡　猛
邢可霞	刘晓伟	刘慧颖	苏丽丽
苏海英	李欣欣	李晓君	吴凤全
张若宇	张明明	张　威	陈柏青
周明冬	周振威	周　涛	郑顺安
居学海	贾　涛	凌一波	高　峰
黄宏坤	温少辉	雷　蕾	薛颖昊

前 言
PREFACE

地膜是重要的农业生产资料。地膜覆盖技术具有良好的增温保墒、抗旱节水、抑制杂草等作用，能够显著提高作物产量、品质，为保障农产品供给安全、农民增收致富提供了有力支撑。随着地膜用量和使用年限的不断增加，农田地膜残留带来“白色污染”问题日益突出。党中央、国务院高度重视地膜污染治理工作。习近平总书记多次强调，要提高农膜回收率，完善废旧地膜回收处理制度。《中共中央 国务院关于实施乡村振兴战略的意见》提出，要加强废弃农膜回收利用。党的十九届五中全会指出，要加强白色污染治理。加强农田废旧地膜污染防治，对于全面推进乡村振兴、打好农业农村污染防治攻坚战具有重要意义。

近年来，我国农田废旧地膜污染防治体系日趋完善。《农用薄膜管理办法》《关于加快推进农用地膜污染防治的意见》等一批法规政策相继出台，规范了生产者、销售者、使用者的行为，落实了各方的回收责任，建立了全程监管体系。2017年，农业农村部启动实施农膜回收行动，以甘肃、新疆、内蒙古为重点区域，建设了100个农膜回收示范县，回收网络不断健全，农膜回收加工利用水平明显提升，有力推进了标准地膜应用、机械化捡拾、专业化回收、资源化利用。新国标《聚乙烯吹塑农用地面覆盖薄膜》已经修订颁布，提高了地膜厚度、强度、耐候期，从源头保证了地膜的可回收性。《全生物降解农用地面覆盖薄膜》的出台，规范了全生物降解地膜产品生产与技术应用。

为进一步提升社会各界对于农田废旧地膜污染防治的认识和理解，本书从地膜覆盖使用、残留污染、源头减量、回收利用、降解替代等方面，介绍了相关基础知识和规范要求，并对地膜污染防治的相关政策进行了总结梳理，形成农田废旧地膜污染防治80问，旨在提升管理和生产经营人员对地膜污染防治工作的认识和理解，向社会公众普及宣传相关基础知识，促进成熟适用技术在适宜地区的推广应用。

本书在广泛征求相关专家、农业生态环境保护一线工作人员意见的基础上，经过数次讨论和修改后定稿。由于专业知识水平和时间有限，书中难免存在疏漏与不当之处，有待今后进一步丰富完善，也敬请广大读者与同行批评指正，并提出宝贵建议，以便我们及时修订。

本书编写组

2021年2月

目 录

CONTENTS

第一部分
地膜使用基础知识

1. 什么是地膜？都有哪些种类？

地膜一般是指为保水、增温、保肥而覆盖在农田表面的塑料薄膜，地膜的生产原料主要是聚乙烯类物质。根据地膜产品的功能特点不同，地膜可以分为普通地膜和功能地膜。普通地膜一般是指在农业生产中被广泛大规模使用的无色透明聚乙烯地膜。功能地膜是指在普通地膜基础上，通过增加某些特殊助剂开发出的具有特殊功能的地膜，如黑色除草地膜、银灰色防虫地膜等，其能够有针对性优化栽培环境，克服不利的自然环境因素，为作物生长发育创造更为有利的环境条件。

根据颜色不同，地膜可以分为无色和有色两大类：无色地膜即透明地膜；有色地膜又可分为银色反光膜、黑色防草地膜、绿色地膜等。不同颜色的农膜对光谱的吸收和反射规律不同，对农作物生长及杂草、病虫害、地温的影响也不一样，因此，在使用中要针对不同农作物的特点和种植季节选择不同颜色的地膜。

2. 地膜质量有什么要求？

根据现行国家标准《聚乙烯吹塑农用地面覆盖薄膜》（GB

聚乙烯吹塑地膜生产现场

13735—2017）的要求，普通地膜厚度不得低于0.01毫米，同时地膜的抗拉强度和耐候性能也要符合规定。标准将地膜分为耐老化地膜和普通地膜，耐老化地膜要求覆盖使用时间在180天以上，而普通地膜要求覆盖使用时间在60天以上，这些规定在一定程度上控制了生产过程中因过多添加辅料，只增加厚度而降低了强度等问题。

同时，根据农业生产的区域特点，部分省区也出台了地方的地膜标准。如新疆地区考虑到紫外线强、温差大、风沙大等气候特点，以及膜下滴灌、机械化回收作业的农业生产方式，地膜使用回收周期长，因此，在《新疆维吾尔自治区农田地膜管理条例》和新疆维吾尔自治区地方标准《聚乙烯吹塑农用地面覆盖薄膜》（DB 65 3189—2014）中，对地膜质量的要求更高，除了厚度大于0.01毫米，对耐候性能进行了更为严格的规定，即地膜耐候期要大于180天，保证作物生育期内不会破裂，以便适合新疆农田地膜的科学使用和有效回收。

3. 什么是地膜覆盖技术？

以农用塑料薄膜覆盖地表栽培的一种农业生产技术措施，简称“地面覆盖”，又称“护根栽培”或“促根栽培”。地膜覆盖技术具有以下三方面的功能：一是能提高土壤的温度、湿度，利于肥料的腐熟和分解，提高土地肥力；二是可有效减少土壤水分的蒸发，天旱保墒、雨后提墒，促进作物对水分的吸收和生长发育，提高水分的利用效率；三是减轻雨滴打击、防止冲刷与结皮形成的作用；地膜覆盖成本低、使用方便、增产幅度大，是一项既能防止水土流失，又能提高作物产量的常用措施。

甘肃省广河县旱作农业区地膜覆盖

云南省玉溪市蔬菜地膜覆盖

4. 地膜覆盖的主要方式有哪些？

地膜覆盖技术随着应用作物种类增加、面积扩大、机械化程度高，逐步形成了与区域作物种类、气候土壤条件相适应的覆盖方式，主要有高畦地膜覆盖栽培、平畦地膜覆盖栽培、改良地膜覆盖栽培、阳坡垄地覆盖栽培等。同时，地膜覆盖与机械化作业、播种结合形成了不同的技术模式，如：在新疆，依托一体化作业机具，形成的铺设滴灌管、覆膜、播种一体化棉花膜下滴灌栽培技术模式；适合黄土高原地区的起垄、覆膜、播种一体化的玉米全膜双垄沟栽培技术模式。

膜下滴灌种植

高畦地面覆盖栽培

5. 地膜覆盖技术发展历程如何？

20世纪中叶，随着塑料工业的发展，尤其是塑料薄膜的出现，一些工业发达的国家利用塑料薄膜覆盖地面，进行蔬菜生产获得了良好效果。日本最早从1948年开始研究利用，1955年首先应用于草莓覆盖生产，并进行推广，1965年正式开展了研究工作。1977年，日本120万公顷旱田作物（包括蔬菜）的地面覆盖面积已超过20万公顷，占旱地作物栽培面积的16%。保护地内地面覆盖面积占93%。日本地面覆盖栽培多用在产值高、效益大的蔬菜及其他经济作物上。1961年法国开始在其本国的东南部试用薄膜栽培覆盖瓜类作物。意大利于1965年对蔬菜、草莓、咖啡及烟草等主要作物进行地面覆盖栽培。美国于20世纪60年代末开始用黑色薄膜覆盖栽培棉花。苏联主要在低温干旱季节进行薄膜地面覆盖栽培，用以提高地温，减少水分蒸发。

我国于20世纪70年代初期利用废旧薄膜进行小面积的平畦覆盖，种植蔬菜、棉花等作物。1978年进行试验，1979年开始在华北、东北、西北及长江流域部分地区进行试验、示范、推广，尤其在干旱、半干旱地区广泛推广使用。从地膜覆盖技术引进到现在，基本可以分为四个阶段。

表1　地膜覆盖技术发展历程

阶　段	时　期	主要特点和标志性事件
引进试验阶段	1979—1984年	地膜产品和技术引进，国产LDPE地膜新产品出现，开始小规模应用，开展应用模式研究
技术完善阶段	1985—1992年	地膜产品薄型化且具规模，应用对象主要为经济作物，小型覆膜机具研发出现突破。国标《聚乙烯吹塑农用地面覆盖薄膜》（GB 13735—1992）颁布
技术应用阶段	1993—2012年	地膜产品成熟稳定，区域应用模式成熟，覆盖作物扩大，配套覆膜机具出现重大突破且规模应用
技术升级阶段	2012年至今	新型功能地膜、生物降解地膜被逐步重视，一体和智能化作业。国标《聚乙烯吹塑农用地面覆盖薄膜》（GB 13735—2017）修订，国标《全生物降解农用地面覆盖薄膜》（GB /T 35795—2017）颁布

6. 地膜覆盖的作用机理是什么?

一是增强作物冠层下光照强度，提高作物光合强度。地膜覆盖后由于地膜自身和地膜下附着的细微水珠对光的反射作用增加了散射光，有效地改善了作物中下部叶片及株行间的光照条件，强化了中下部叶片的光合强度，对于改进品质和提高产量有一定的促进作用。

二是提高农田土壤温度，改变土壤与大气热量交换。由于地膜阻隔减少地面热量向空气中辐射传导，也阻止了水分蒸发的热损失，使热量向深层传导和聚集，促使地温升高，延长作物有效生育期。

三是阻止土壤水分散失，提高作物水肥利用效率。地膜覆盖切断了土壤水分向大气蒸发的通道，把蒸发的水分阻隔在地膜下，具有明显的保水、提高水分利用率的作用，节水达30%～60%。

四是增加土壤肥力，提高肥料利用效率。地膜覆盖的增温保墒功能有利于形成易于土壤微生物生长和繁殖的环境，而土壤微生物活动能够加速有机质分解和养分释放，同时，地膜阻隔作用还能防止养分的蒸发或被雨水、灌溉水冲刷淋溶流失，具有保肥和提高肥效的功能。

五是抑制盐分向表层土壤迁移，降低土壤盐渍化风险。地膜覆盖后改变了土壤水分的运动和分布状态，含有盐分的土壤水分受地上部增温到地表，由于地膜的阻隔蒸发被抑制，再凝聚成小水滴滴回土壤，在地膜下的表层土壤形成了一个微型水循环，这相当于地表盐分的洗盐过程。

7. 地膜覆盖对农业生产的影响是什么？

一是扩大了农作物种植区域。通过增强光照、提高地温等，改变了农作物的小环境，扩大了农作物种植区域。玉米、棉花是受地膜覆盖技术影响最大的作物。如，甘肃陇东、宁夏中南部山区等地，采取地膜覆盖技术有效解决了积温不够、生育期短的问题。玉米种植区域北边界向北移了2～3个纬度，种植面积大幅度增加。新疆推广该技术，棉花播种面积大幅度增加，成为全国棉花主产区。

二是改变了区域种植结构和模式。一些地区由于水资源匮乏，长期采取旱作农业模式，采取地膜覆盖技术，很大程度地改变了区域农业生产格局和生产方式，提高了水分利用效率，种植轮作模式发生改变。

三是大幅度提高了农作物产量。一般可使作物增产率在20%～30%，如地膜覆盖使棉花增产150万～200万吨，贡献了全国棉花产量的20%～30%。据初步估算，我国地膜覆盖产生的直接经济效益为每年1200亿～1400亿元。

8. 我国地膜用量和覆盖面积变化趋势?

我国地膜使用量从 1982 年的 0.6 万吨增加到 1993 年的 37.4 万吨，到 2016 年的 147 万吨，2016 年后每年有所减少，2017 年为 143.6 万吨，2019 年为 137.9 万吨。

1982 年农作物地膜覆盖面积仅为 11.7 万公顷，1991 年达 490.9 万公顷，2001 年上升到 1096 万公顷，2017 年达到 1865.7 万公顷，2019 年为 1762.8 万公顷，有所降低，主要分布在冷凉和干旱区域，其中以玉米、蔬菜、棉花、薯类、花生地膜应用面积最大。

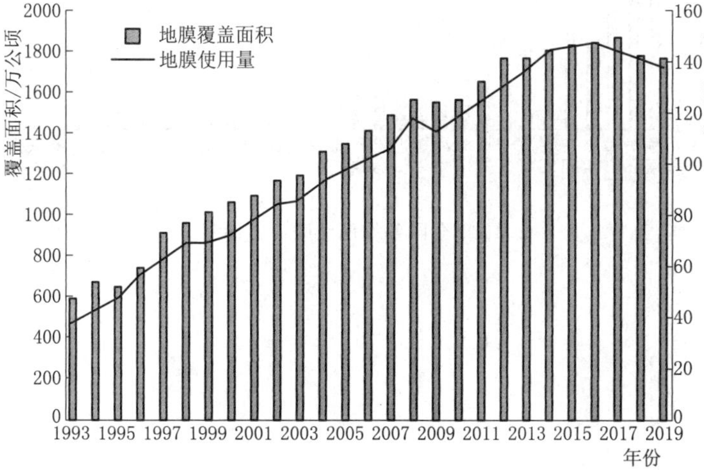

1993—2019 年我国地膜覆盖面积及使用量变化趋势图

2019 年，新疆覆膜面积占全国总量的 19.77%，为我国覆膜第一大省区，其次为山东省，比例为 10.53%；内蒙古自治区、河南省、四川省、云南省和甘肃省的地膜覆盖面积占全国比例均超过了 5%；比例为 1%～5%的有 14 个省级行政区，不足 1%的有 10 个省级行政区，覆膜面积为全国总量的 4.26%。新疆使用了全国 16.97%的地膜，为我国地膜使用量第一大省区，其次为甘肃省和山东省，比例分别为8.08%和7.66%；四川省、云南省和内蒙古自治区的地膜使用量占全国比例均超过了5%；比例为1%～5%的有18个省级行政区；不足1%的有海南、宁夏、青海、上海、天津、北京和西藏7个省级行政区，所使用的地膜为全国总量的2.62%。

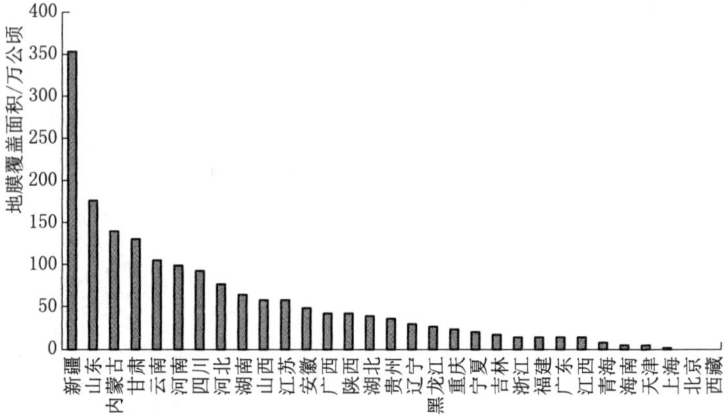

2019年全国各省份地膜覆盖面积

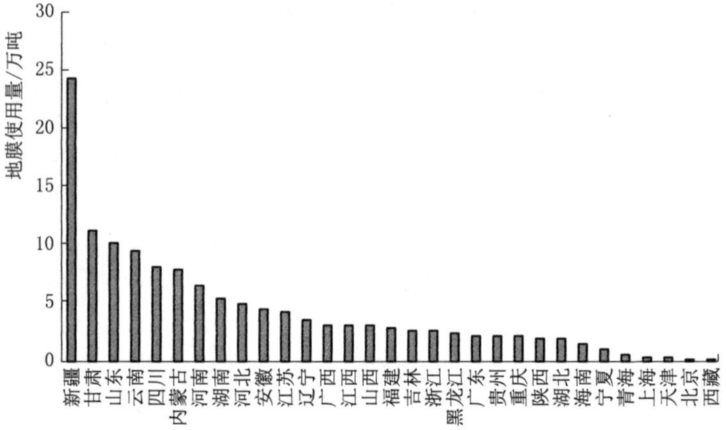

2019年全国各省份地膜使用量

9. 我国地膜的使用标准是什么?

1984 年，原轻工部发布实施了 SG 369—1984《聚乙烯吹塑农用地面覆盖薄膜》行业标准，1992 年修订为国家强制性标准 GB 13735—1992《聚乙烯吹塑农用地面覆盖薄膜》。随着时代的发展，GB 13735—1992 的技术要求已不能满足生产和使用要求。因此，2017 年 10 月 14 日，新修订的 GB 13735—2017《聚乙烯吹塑农用地面覆盖薄膜》国家标准正式颁布。新标准对地膜的适用范围、分类、产品等级、厚度和偏差、拉伸性能、耐候性能等多项指标进行了修订，提高了地膜的厚度下限，明确地膜最小标称厚度不得低于 0.01 毫米，有利于地膜机播作业和回收再利用。2018 年 7 月 1 日，GB /T 35795—2017《全生物降解农用地面覆盖薄膜》国家标准正式实施。标准规定了全生物降解农用地膜一些重要性能技术要求，包括规格与规格尺寸偏差、外观、力学性能、水蒸气透过量、重金属含量、生物降解性能、人工气候老化性能。

10. 国外地膜的使用标准主要有哪些?

美国材料与试验协会制定了专门的 ASTM D4397－02 标准，标准中规定农用地膜的厚度范围为 0.025～0.250 毫米，平均厚度偏差为±20%，即最薄地膜厚度也应达到 0.02 毫米以上。

欧洲最主要的标准制定机构是 CEN /CENELEC，其颁布的 EN 13206 标准现已更新到 2017 年版本，该标准将 0.025～0.200 毫米地膜的厚度划分为 5 个等级，地膜生产中允许的地膜最低平均厚度为 0.025 毫米，偏差±5%。2018 年 1 月，欧洲标准化委员会/塑料技术委员会（CEN /TC）联合发布了欧洲标准 EN 17033，规定了生物可降解地膜的组成、在土壤中的生物可降解性、生态毒性、机械和光学性能以及上述各类别的测试程序。

日本工业标准委员会于1956年制定了聚乙烯农用地膜标准，并于1994年对其进行重新修订，形成了现在的聚乙烯农用地膜标准JIS K 6784。在该标准中，要求聚乙烯农用地膜厚度必须在0.020毫米以上，并具有较高的强度，使用后回收时不发生大面积的破碎断裂。

第二部分 地膜污染形成及影响

11. 普通地膜的主要成分及特点是什么?

普通地膜的基础材料为线形低密度聚乙烯（LLDPE)、低密度聚乙烯（LDPE）和高密度聚乙烯（HDPE)，这些物质具有分子质量大、性能稳定、耐化学侵蚀、能缓冲冷热等特性，在自然环境中，它的光分解性和生物分解性均较差，具有不易腐烂、难以消解的性能，因此农业生产后的残留地膜可以在很长时间以独立的形式存留在土壤中。一般类型传统地膜中还会加入抗氧化剂、光稳定剂等添加剂。

12. 地膜污染怎么形成的?

地膜覆盖使用后，如果不能及时采取有效回收措施，经风化、日照等因素影响，将逐步开裂破碎，残留在农田土壤中，或随风飘落到村庄道路上。由于地膜材料的难降解性，经几年或者几十年长期积累，会导致土壤结构破坏、耕地质量下降、作物减产以及次生环境污染等一系列问题。如果长期残留在土壤中，会进一步碎解为微塑料，由于其粒径小、数量多、分布广，极易被土壤中的生物吞食，在食物链中积累，威胁人体健康。造成地膜污染的主要原因有：一是生产销售的地膜厚度、强度等指标没有达到标准要求，造成地膜易破碎、使用难回收。二是地膜使用者缺少必要的回收手段，回收责任落实不到位，同时回收体系不健全，回收再利用效益低，都会影响残留地膜污染治理。

堆积在田头的废旧地膜

农田残留地膜污染

13. 不同作物栽培条件、覆盖年限下地膜残留有什么特点？

不同覆膜作物的地膜残留程度不同，这主要是由于作物的栽培方式、耕作方式、覆膜方式、单位面积用膜量等有差异所导致。研究表明，棉田中地膜残留量较高，棉田中残膜量随覆膜时间增加而增加，覆膜 5 年的棉田中地膜残留量为 127.11 公斤/公顷，覆膜 9 年的棉田地膜残留量为 215.85 公斤/公顷，远超国家标准限值 75 公斤/公顷 [《农田地膜残留量限值及测定》(GB /T 25413—2010)]，覆膜 11 年的棉田残膜量为 250.63 公斤/公顷，而覆膜 15 年的棉田残膜量更是超过了 300 公斤/公顷。在新疆地区，棉花作为特色大宗经济作物，连作年限长，超过 70%的棉田连作 10 年以上，并且覆膜率高，再加上单位面积用膜量高，导致棉田地膜残留情况最为突出。相关试验表明，新疆地区覆膜 20 年以上的农田残留地膜比覆膜 3～5 年的要增加 1 倍以上；玉米连作年限相对较长，超过了50%连作10年以上，再加上本身是高秆作物，根茬大，覆膜栽培玉米废旧地膜回收效果不理想，导致玉米田地膜残留情况也不容乐观，平均残膜量超过了100公斤/公顷；而马铃薯田的残留程度则较轻，平均残膜量仅为22.6公斤/公顷，低于国家标准75公斤/公顷，主要是因为马铃薯连作时间短，大部分小于5年，而且马铃薯收获前经搂蔓或杀秧，根茬裸露较少，残膜回收相较容易。

14. 残留地膜在土壤中的空间分布如何？

研究调查表明，地膜覆盖使用后，如果不及时采取回收措施，随着作物秸秆深耕翻耕，会进入土壤耕层，一般主要残留分布在0～30厘米的耕层内，土层越深，地膜残留量越少。0～10厘米土层中地膜残留量最多，约占总量的50%以上；10～20厘米土层残留量次之，占总量的9.5%～40%；20～30厘米土层残留量最少，占10%以下。

农田土壤地膜残留分布状况

15. 当前地膜污染现状特征如何?

第二次全国污染源普查结果显示，我国农田地膜残留总量为118.4万吨，亩均地膜残留量达到4.5公斤，总体残留污染分布呈现出自北向南、自西向东递减的特征，特别是西北地区污染最重，亩均地膜残留量达到5.16公斤，其中新疆亩均地膜残留量达到13.6公斤。这主要是因为部分地区仍在使用0.01毫米以下厚度的超薄地膜，造成废旧地膜易破碎、捡拾困难，回收处理成本高，西北地区地膜使用年限长、单位使用强度高，虽然近些年来采取了一系列的回收措施，减少了残留污染，但土壤中残留地膜较多，历史欠账多，残留污染问题依然较为严峻。

16. 地膜残留对土壤会产生什么影响?

残留在农田土壤中的地膜会危害耕地质量健康，破坏土壤结构，形成阻隔层，导致土壤容重、孔隙度下降、含水量发生变化。当土壤中地膜残留量增加，土壤容重呈上升趋势，而土壤孔隙度下降和含水量呈下降趋势。同时，阻隔层还会影响水分向上和向下的移动，尤其在蒸发量大的地区，会导致地下水渗速缓慢甚至难以下渗，发生土壤次生盐碱化等严重问题。此外，残留地膜会造成土壤微塑料污染，聚乙烯地膜在覆盖使用后，如不能及时回收，经过机械作用紫外线照射等裂解形成塑料碎片及微塑料。有研究表明，微塑料积累到一定程度会影响土壤性质、土壤功能及生物多样性，同时还可能被土壤动物摄食，在土壤食物链中累积，影响各营养级的土壤动物。

17. 地膜残留对作物会产生什么影响?

残膜会导致作物幼苗出苗困难，降低幼苗成活率，主要原因是播种时个别种子落在残膜上，导致种子不能及时吸收到足够水分、养分而不能萌发出土，或者幼苗根系不能穿透残膜，幼苗干枯而死。由于残膜为不可降解聚乙烯，残留土壤中会逐步积累，导致作物根系在生长过程中受到阻碍作用，根系发育出现畸形，形成鸡爪根、倾斜根、多侧根等。残膜对作物生长和发育过程也会产生影响，研究表明，残膜会对玉米植株的高矮、茎粗和根系产生影响，作物不能够正常吸收水分、养分，降低肥料利用率，导致产量降低。

大蒜种植地膜覆盖使用后残留污染

18. 地膜污染对农村环境会造成什么影响？

未被及时回收的废旧地膜，被遗弃在田间地头、水渠、林带中，在风力作用下散落在田地、树梢或随风飘动，严重影响农村生态环境，影响农村自然景观，造成严重的“视觉污染”。残膜对农事作业也会造成影响，残膜可能会缠绕在犁齿、播种机轮盘等农业机械上，阻碍农田机械作业，影响农事活动顺利进行。残膜碎片容易混入秸秆和饲料，牛、羊等牲畜误食后，还会造成消化道阻塞，严重时会导致死亡。此外，焚烧残膜，会产生氯化氢、二噁英等多种有害的气体，造成大气污染，危害人体健康。

废弃地膜焚烧

随风飘落在田间枝头的残膜

19. 地膜污染治理措施有哪些？

治理地膜污染，需要多措并举、综合施策，加强源头减量、回收利用、降解替代，健全制度体系，强化责任落实，完善扶持政策，严格执法监管，加强科技支撑。一是促进源头减量。加强地膜使用控制，开展地膜覆盖技术适宜性评价，通过一膜多年使用、改进覆盖方式、适期揭膜等技术，降低地膜覆盖依赖度。二是推进标准加厚地膜应用。加强地膜强制性国标宣贯落实，确保标准地膜普及应用。在西北棉花等特殊作物上，还可以推广使用高强度加厚地膜，提高地膜耐候期。三是推进回收利用。要因地制宜建立政府扶持、市场主导的地膜回收利用体系。推进地膜专业化回收利用，完善废旧地膜回收网络。探索推动地膜生产者责任延伸制度试点，农膜回收区域补偿机制试点，逐步构建长效回收机制。统筹用好城镇垃圾回收处置体系、农资销售体系等多种渠道，畅通回收利用网络体系。四是促进降解替代。开展可降解地膜产品操作性、功能性、可控性等的农田适宜性评价，在适宜作物上开展全生物降解地膜替代技术推广应用，减少残留污染的风险。

20. 地膜污染治理成效如何？

近年来，通过采取一系列有效措施，农膜污染治理工作取得积极进展。

农膜污染防治制度体系基本构建。《农用薄膜管理办法》出台，构建了覆盖农膜生产、销售、使用、回收等全程的监管体系。《聚乙烯吹塑农用地面覆盖薄膜》修订，提高地膜厚度、强度、耐候期，从源头提高了地膜可回收性。《农膜回收行动方案》《关于加快推进农用地膜污染防治的意见》等政策文件相继印发，明确了农膜污染治理的任务、重点。

重点地区回收网络体系基本建立。通过实施农业清洁生产示范项目，在新疆、甘肃等重点省份的近300个县开展地膜科学使用试点，增加残膜加工能力约20万吨、回收地膜面积6000多万亩。通过实施农膜回收的行动，以西北地区为重点，建设了100个地膜治理示范县，重点补助扶持农膜回收体系建设，引导种植大户、农民合作社、龙头企业等新型经营主体开展地膜回收。西北地区累积建设了废旧地膜回收加工厂400余家、回收网点3000余个，以政府引导、市场主体的回收网络体系基本构建。

总结推广一批有效回收机制。在试点区域性绿色补贴政策，探索建立相关补贴资金与农膜回收相挂钩的补贴机制。开展地膜生产者责任延伸机制，推动将回收责任由使用者转到生产者。甘肃探索推广“以旧换新”“交旧领新”等回收机制，引导农民使用标准地膜，调动企业回收积极性，培育市场化回收利益链。新疆探索将农膜回收与农业灌溉用水配给相挂钩，通过县、乡、村逐级签订责任书，层层压实责任，初步建立了农膜回收的激励约束机制。

目前，全国地膜覆盖面积和使用量已经实现了负增长，地膜使用得到有效管控；全国农膜回收率达到80%，西北重点地区农膜回收率连续多年稳定在80%以上，“白色污染”已得到有效防控。

第三部分 地膜减量化及回收利用技术

21. 什么是地膜减量化措施?

减少地膜投入量是控制残膜污染的一种重要农艺措施。一是推广一膜多年使用技术，即选用厚度适中、韧性强、抗老化的地膜，第一年使用后基本没有破损，第二年直接在膜面打孔播种，既减少了地膜投入量，又减少了土壤耕作用工，达到省时、省工和环保的目的。二是在不影响作物生长的前提下，适当减少地膜田间覆盖度。结果显示：不同作物在不同地区都有很大的降低地膜覆盖的空间，且增产效果不减，从而达到少用地膜的目的。三是通过作物轮作倒茬及农作制度的改变，减少地膜总投入量。如：河北省成安县通过粮棉、菜棉轮作倒茬，减少地膜单位面积覆盖强度，进而减轻残膜污染危害；通过改棉花覆膜种植为育苗移栽，实现了棉花裸地种植，减少了农田地膜投入量。

22. 地膜减量化技术应用的技术瓶颈是什么?

地膜覆盖主要集中在北方干旱、半干旱地区，地膜减量技术适用范围较窄，特别是在干旱地区，不宜采用减少地膜田间覆盖度的方法。在采用一膜多用技术中，对所使用的地膜质量要求较

节约型地膜技术（严昌荣）

高，意味着价格提高，成本增加，而且，如果第二年继续在膜上打孔，要求第一年不宜选用高密度、根系发达的作物，否则会影响增温保墒性能，而且上一茬作物的残根会影响下一茬作物的生长发育。此外，通过作物轮作倒茬及农作制度的改变来减少地膜的总投入量，有可能会遴选经济效益较低的作物，对作物的选择有局限性。下一步，建议加强区域地膜覆盖技术适宜性评估，加强技术产品研究，逐步推广地膜减量化技术。尤其是无法一次大量施肥和穴补追肥作业效率低。

23. 什么是农田地膜回收率？达到多少合适？

农田地膜回收率是衡量地膜污染治理效果的重要指标，通过农田单位面积内回收的废旧地膜与当年新铺地膜的质量之比来计算地膜回收率。2015 年，农业部印发《关于打好农业面源污染防治攻坚战的实施意见》，提出到 2020 年，实现农膜基本资源化利用，农膜回收率达 80%以上（农膜包括地膜和薄膜，以下同）。2019 年印发的《关于加快推进农用地膜污染防治的意见》，提出“到 2020 年，农膜回收率达到 80%以上，全国地膜覆盖面积基本实现零增长。到 2025 年，农膜基本实现全回收，全国地膜残留量实现负增长”。

24. 什么是适期揭膜技术?

适期揭膜技术，是根据作物种类和区域条件，形成合理的揭膜时间和揭膜方式，在地膜完成其功能且又未老化破损前进行揭膜回收，提高地膜回收率。近年来，为了提高地膜回收率，国内一些地方采用了适期揭膜技术，并取得了良好效果。如：华北和新疆等地在棉花、玉米头水前揭膜，由于头水前地膜尚未老化、韧性好、不易破碎，回收率达 90%以上；山西覆膜玉米在拔节期揭膜，即玉米出苗后 45 天揭膜也能大幅度提高地膜回收率。采用适期揭膜是一种减少地膜残留的有效措施，可以较好地解决残留地膜污染问题，但由于作物不一样，不同作物最佳揭膜时间也不一样，在使用该技术时要因地制宜，根据区域和种植对象正确选择地膜回收时机。新疆农业农村部门专门印发了《关于开展农作物头水前揭膜工作的通知》，对玉米和沟灌棉花田头水前揭膜时间、方式、处置等进行了明确量化要求。

25. 西北地区玉米头水前揭膜如何操作?

揭膜时间：在玉米生长正常条件下，灌头水前 3～5 天内揭膜，不得过早揭膜，以免受旱。

揭膜方式：一是人工揭膜。使用人工打造的两齿钉耙，齿距 35 厘米、齿长 10～15 厘米，手推杆长 150 厘米。将玉米行中的残膜切割并人工缠绕在两齿钉耙中轴上，手推钉耙杆前行、切割行中地膜，残膜不停缠绕于钉耙中轴，于地头人工将残膜回收，1 人 1 次回收 1 行玉米残膜。二是机械揭膜。使用机械回收器具，采用加密齿杆的方法进行，宽度为玉米播种的一膜幅宽。机械前行过程中，加密的中耕器划开、搂起残膜，每行进 30～50 米，人工集中回收残膜 1 次，1 机 1 次可回收 2～4 行玉米残膜。

处置要求：回收后残膜应堆放在专用场地，要求地面平整、干净，注意防火、防风、防水。

新疆伊犁玉米头水前人工揭膜

新疆伊犁玉米头水前揭膜后

26. 西北地区棉花头水前揭膜如何操作?

揭膜时间：灌头水前即棉花小行封闭时，不得过早揭膜，以免受旱；揭膜时，最好选定为雨后初晴或早晨土壤湿润时揭膜。沙性地、受旱较重的棉田采取边开沟边揭膜边灌水，防止棉花受旱造成花蕾脱落。

揭膜方式：采用机械在接行内和宽行内开深度 15 厘米浅沟，开沟后沿棉花行顺着进行揭膜。

处置要求：人工集中揭膜，做到揭膜干净，残膜集中堆放，集中处理，不要将残膜堆放在田边渠旁，防止二次污染。为提升农作物头水揭膜工作质量和效率，建议进一步加强农作物头水前机械揭膜机的研发和推广力度，鼓励开展农业机械揭膜研究试验示范，提高揭膜速度，减轻农民体力劳动强度。

27. 什么是全回收高性能增产地膜?

全回收高性能增产地膜也称“高保膜”，是由华南理工大学相关科研团队牵头研发，采用体积拉伸流变塑化输送技术和动态分配复合吹塑成型技术研制而成，具有强度高、耐候性好、易回收、再利用价值高等优点。试验研究表明，高保膜在新疆棉花覆盖种植上，平均亩产提高 8%以上，回收率达到 95%以上，作业效率提高 10%以上，可使用短流程再制造技术，再生造粒能耗降低 20%以上，实现高值化再利用。

高保膜

普通膜

28. 地膜覆盖替代技术都有哪些？

为解决普通聚乙烯地膜残留污染问题，从源头上减少地膜使用，国家鼓励地膜覆盖替代技术和产品的研发应用。目前，主要有秸秆覆盖、保水剂等技术。秸秆覆盖具有一定的增温效应，可以提高土壤蓄水保墒能力，提高土壤渗水性，可以在一定程度上起到增产的效果。保水剂具有较强的保水性能，可将水分固持在土壤中、降低水分深层渗漏，能够提高肥料利用效率，有效改善土壤性状，减少水、肥流失。但与地膜覆盖技术相比，这些替代技术在应用区域和作物上还有一定局限性，需要进一步加强系统研究。

29. 田间地膜回收采取什么方式？

主要包括人工捡拾回收、机械回收和两者相结合的回收方式。由于人工捡拾耗时长、成本高，正大力推广地膜机械回收技术，即应用机械回收地膜，以提高地膜回收效率。尤其在规模化、集约化程度高的地区，针对不同作物覆膜特点，已广泛使用地膜回收机具开展地膜回收。据不完全统计，我国研制的地膜回收机机型已达百余种，有单项作业和联合作业两种形式，按照农艺要求及作业时段可分为苗期地膜回收机械、秋后残留地膜回收机械、播前残留地膜回收机械及耕层残留地膜回收机械。对于不能通过机械回收的农田，要及时采取人工捡拾的方式进行回收。根据不同区域和作物栽培特点，因地制宜采取人工和机械结合的方式进行回收。

30. 我国地膜机械化回收的发展过程如何？

我国地膜机械化回收的研究始于 20 世纪 80 年代。由于我国

地膜机械化捡拾和人工捡拾回收

使用的地膜性能较低，回收时地膜拉伸强度低、膜面破损严重，因此，国内残膜回收机械重点围绕起膜、收膜、脱膜、集膜等关键部件，以及膜土分离、膜杂分离等部件开展研究。新疆、甘肃、内蒙古是我国主要覆膜区域，应用强度高，历史残留污染也较为严重，机械化残膜回收也主要应用于这些地区。目前，我国研制的地膜回收机型号已有几十种，主要包括单项作业（残膜回收）机械和联合作业（果收获与残膜回收、秸秆处理与残膜回收）机械，机具研发类型区域化特征明显，主要集中在西北区、东北区、华北区，其他区域相对较少。在新疆，研发和应用的回收机具以大型机械为主，多为复式联合作业机，包括折叠式立杆搂膜机、秸秆粉碎还田与残膜回收联合作业机等已在生产中应用；甘肃、内蒙古等的多为小型机具，主要针对的作物是马铃薯和玉米，也有一些适应性强、性能稳定、性价比高的机具出现，并在生产中得到应用；在华北和东北地区，回收机具仍多为小型机械，针对的作物主要是玉米、花生、马铃薯，大型机械应用还较少。

31. 典型地膜回收机械有哪些？

根据不同特征，残膜回收机可分成不同类型。根据作业时间的不同，可分为苗期地膜回收机、秋后残膜回收机和播前残膜回收机，其中秋后回收作业机应用最广泛。按机具不同作业形式，可分为单项作业机和联合作业机，其中联合作业机包括秸秆粉碎还田残膜回收联合作业和整地残膜回收联合作业。按工作部件入土深度不同，可以分为表层残膜回收机和耕层残膜回收机。按关键收膜部件的不同，可分为滚筒式、弹齿式、齿链式、滚筒缠绕式等，其中滚筒式收膜部件主要依靠偏心机构、凸轮或滑道实现捡膜弹齿的伸缩，完成残膜的捡拾与脱送，整机结构复杂，成本高；弹齿式收膜部件结构简单、造价低，在新疆地区广泛使用，但残膜回收率低；齿链式收膜部件是基于柔性钉齿链板组的整膜捡拾及清杂装置，采用多条纵向布置的柔性钉齿链板，将地膜完整铺展地捡拾起并向上输送，输送过程中采用抛振机理从而实现地膜与膜面杂质的有效分离。

32. 西北地区重点用膜区的典型回收机械有哪些？

我国西北地区采用的残膜回收机型主要有：11.M－5.0型自卸式弹齿搂膜机，此机型结构简单、作业幅度大、效率高，是比较典型的播前地膜回收机；MSM－3型苗期残膜回收机，特点是采用滚筒式卷膜机构将地膜缠绕回收，利用地膜自身拉伸力与地表分离，通常与中耕、施肥同步作业；1LMLG－7型立杆搂膜机，该机型适用于，收获后棉田残膜回收，结构简单，工作可靠，作业效率高，但回收率低于50%；4JSM－2000型秸秆还田及残膜回收联合作业机，该机具搂膜部件与秸秆还田机的作业速度相匹配，工作效率高，适用于新疆地区采收后的棉田残膜回收。近年来，石河子大学陈学庚院士提出了农田残膜回收“农机、农艺、农膜相结合”的新理念，创新了农田残膜回收原理，研发的随动式秸秆还田与残膜回收联合作业机、二阶链板式秸秆还田与残膜回收联合作业机和4JMLQ－210型秸秆还田与残膜回收联合作业机，极大地提高了残膜回收率和秸秆粉碎率，降低了回收后地膜的含杂率，提高了残膜资源化再利用效率。

33. 苗期地膜回收机有哪些特点？

苗期地膜回收主要采用地膜卷收技术，地膜卷收技术是基于地膜强度能满足膜土分离的拉伸条件，主要应用于蔬菜、苗期地膜的回收。苗期收膜主要是在作物浇头水前进行，此时地膜使用时间较短，完整性较好，相对容易回收。在工作过程之中，常常伴随着喷药、除草等其他作业。在幼苗生长时期的农膜，由于其覆盖时间不长，损坏和撕扯的现象不多，揭起农膜就不是很困难。此类机具的设计基本上采用的是先起膜再卷膜的工作方法，工作时依靠地轮提供动力驱动卷膜作业，结构简单，工作可靠，地膜收净率一般在85%以上。

代表机型主要有MSM－3型卷膜式棉花苗期残膜回收机和CSM型齿链式悬挂收膜机。机具研发方面，有新疆建设兵团第八师和兵团农机技术推广站联合研制的CSM－130型苗期残膜回收机、东北农业大学研制的MS－2型玉米苗期收膜中耕联合作业机、新疆农业科学院研制的MSM－1型苗期残膜回收机等。苗期收膜会导致作物灌水量增加，与我国北方旱作农业区大面积推广的膜下滴灌技术要求不相适应，目前已很少应用。

34. 播前地膜回收机有哪些特点？

播前残膜回收作业是指土地耕翻和平整作业后、播种作业前进行的残膜回收作业。此种机具一般与农耕修田作业一并开始，可以节省农民时间，减少劳动成本，收膜机上的弹齿或者钉齿均可以将土壤表面的农膜处理干净。播前收膜可有效提高出苗率，目前在生产中广泛应用。但因为开春时气候多变、机力紧张、时间短、地表残膜破损严重，此时回收残膜也具有一定难度。

运用的机具主要是密排弹齿式搂膜机、平地搂膜联合作业机和加装搂膜耙、扎膜辊的整地机，因残膜主要以碎片状形式分布在耕层，回收难度大，主要采用搂、扎的方式回收，作业深度在5厘米以内，残膜回收率不超过50%，一般需要人工卸膜。为减少人工卸膜时间，目前机具优化的重点是研究适应于搂膜和扎膜自动脱膜机构。此外，由于西北地区春季多风，为防止地膜堆放在田间产生二次污染，便于将其收集、转运及存放，国内研究开发了地膜捡拾打包机、地膜捡拾压缩车等机具。

35. 秋后地膜回收机有哪些特点？

秋后收膜是在作物收获后、耕地前进行，主要回收当年铺设的地膜。该时期进行残膜回收不会对农作物收获和产品质量造成影响，是目前较为广泛使用的残膜回收方式。此时地膜处于地表，有一定程度的破损，膜土结合力较强，还需要考虑与秸秆还田等协调作业，回收有一定难度。但是，在苗期揭膜受到制约的情况下，秋后残膜回收是最佳时机，因此，秋后残膜回收机是目前研究的热点，重点针对的覆膜作物是棉花（平作）、玉米和马铃薯(垄作)。

根据作业功能不同，秋后残膜回收机主要分为单项作业机具和联合作业机具。单项作业机具只具备回收残膜的功能，应用最多的是弹齿式立秆搂膜机，与拖拉机配套使用，一次作业可完成搂膜、脱膜、卸膜等工序。此种机型对残膜的回收率较低，但结构简单，造价低，作业效率高，在新疆、甘肃和内蒙古地区得到了广泛使用。联合作业机分为茎秆粉碎还田与残膜回收联合作业、根茬起拔与残膜回收联合作业2种方式。早期代表机型为新疆农垦科学院研制的4SJ-1.6型和4SJ-2.0型残膜回收与茎秆粉碎联合作业机，以及内蒙古农牧机械化服务管理局等单位研制的1MC－70型起茬残膜回收机。

36. 当前地膜回收机械化还存在哪些问题？

尽管我国地膜机械化回收技术已取得了很大进展，并在一定范围进行了应用，但与实际需求差距仍较大，主要面临以下5方面问题：

一是现有机具设备在满足不同地区的气候、土质和田块规模等方面均存在很大差异，复杂多变的作业条件制约了地膜机械化回收要求。

二是覆膜作物种类多，同一种作物的覆膜耕作模式也复杂多样，农机农艺两张皮、标准化生产程度低已成为制约了机械化回收技术发展的瓶颈问题。

三是机械回收适应性差，目前市场上仍存在超薄地膜，强度小、延展性差、老化快，不到收获季节就会破损，清除时易碎，给后期机械化作业回收带来难度。

四是部分地膜回收关键技术仍未破解，如深埋膜碎膜边膜难收、膜土杂分离难、工作部件易缠绕、卸膜困难、适应性差等。

五是政府补贴有待进一步提高，在很长一段时间内，农田残膜回收，主要依靠人工自行进行，强制性达到一定回收目标，需大力发展机械化回收，建设回收网点，开展再生利用等。亟须相关财政补贴的扶持。

37. 对推进地膜机械化回收有哪些政策建议？

一是要严格执行地膜生产使用标准。现阶段我国市场上销售的地膜性能依然不高。农作物回收之后，一些覆盖在地表的农业地膜碎裂成很多小块，混杂到土壤当中，影响机械化回收作业。建议严格落实有关国家标准和地方标准，提高地膜的性能，大力推广标准加厚地膜，为后端机械化回收奠定基础。

二是加大补贴扶持力度。残膜机械化回收会增加农民生产成本投入，农民对农业环保的重视程度也不高，需要对实施残膜机械化回收作业田块进行一定的补贴，充分调动农民的积极性，推动一批先进适用技术的推广应用。

三是强化技术创新。加大对地膜回收捡拾机具、高强度地膜等关键设备和产品研发的支持力度。开展高强度、长耐候性新型地膜的研究，突破材料、工艺和助剂等关键问题，研制出多功能、高强度、低成本的地膜新产品，解决普通 PE 地膜易碎难回收的难题。

38. 废旧地膜离田后的回收途径和方式有什么要求？

废旧地膜离田可以避免地膜残留对农田的污染危害。目前，在地膜用量较大的地区，回收途径主要是通过地膜使用者或从事地膜回收的个人和组织，将地膜进行初步抖土除杂后，拉运交售至回收网点或企业。《甘肃省废旧地膜回收技术规范》中提出，捡拾的废旧地膜剔除农作物残根和土块，抖掉沙土后应及时送交废旧地膜回收站（点），不得在农田或者其他农业用地随意弃置、掩埋和焚烧。回收站（点）对送交的废旧地膜进行回收，分类捆扎、打包后，及时送交就近的废旧地膜回收加工企业。鼓励地膜回收加工企业和个体从业者直接到田间地头进行回收，减少中间环节，降低农业劳动者和农业生产经营者组织送交、储运成本。《新疆棉田废旧地膜回收技术规范》中提出，严格执行《新疆维吾尔自治区农田地膜管理条例》，废旧地膜田间回收后需进行清杂，不得在农田或者其他农作物用地随意弃置、掩埋和焚烧，应送交废旧地膜回收网点。废旧地膜回收网点对废旧地膜打包后，交送废旧地膜回收加工企业处理。

甘肃省庄浪县废旧地膜回收网点

39. 废旧地膜的贮存、包装和运输需要注意什么？

废旧地膜作为一种塑料薄膜垃圾，回收后应堆放在专用场地，注意防火、防风、防水，防止再次污染周边环境。数量较多的废旧地膜可利用打包机压制成长宽高均为1米的正方体，便于码放，同时可通过发酵腐熟，使其中混杂的作物秸秆等杂质腐烂，便于下一步清洗加工。废旧地膜运输不得与易燃、易爆或腐蚀性物质混合运输。宜采用箱式货车运输，不得沿途丢弃、遗撒。

40. 废旧地膜加工后的主要利用途径有什么？

废旧地膜的主要成分是聚乙烯，是一种塑料垃圾，回收再利用符合循环经济原则。按照“资源—产品—再生资源”的反馈式流程，废旧地膜作为一种宝贵的资源如不加以有效地回收利用，不但造成资源的极大浪费，而且焚烧、填埋等处置方式也对环境造成污染。具体再生利用途径包括以下几个方面。

一是加工为再生塑料的原料。将回收来的废旧地膜通过晾晒、除杂、粉碎、漂洗、干燥、热熔、挤出、切粒，制备成聚乙烯塑料再生颗粒，作为加工其他塑料制品的原料，主要用于加工各种塑料筐、非饮用水管及桶罐等塑料制品。

二是生产改性塑料。通过添加填充母料，改善废旧地膜再生后的物理性能，使之成为使用范围更广的塑料原料。

三是进行燃料提取。将回收来的残膜风选、清洗、破碎、打包或造粒，然后通过高温催化裂解等技术处理，从中获取汽油、柴油等可用燃料。

四是作为建筑材料。甘肃省河西地区将废旧地膜直接粉碎成地膜粉，再加入矿渣、沙土等材料后，热熔塑型，制备井壁、井盖、板材等产品。废弃地膜还是再生塑料板生产的原料，具有耐湿、耐高温、不易发霉、不易开裂变形、维修成本低等特点。

废旧地膜加工再利用

41. 废旧地膜再生造粒的主要工艺流程是什么？

废旧地膜进入加工企业后进行再生造粒。主要工艺流程为：

(1) 人工分拣：对杂质较多的废旧地膜通过人工或半人工方式进行分拣，或将黑色地膜和白色地膜进行分拣。

(2) 撕碎：利用废旧地膜撕碎机将回收后的长条形状废旧地膜撕碎。

(3) 膜杂分离：利用废旧地膜杂质分离机将撕碎后的废旧地膜与作物秸秆和泥沙进行分离。

(4) 破碎：通过相应设备，将杂质分离后的废旧地膜破碎成10厘米×10厘米左右大小的片状。

(5) 漂洗：经过破碎后的废旧地膜物料通过传送带进入漂洗槽，进一步清理膜上附着的杂质，可通过延长清洗槽长度或建设多级清洗槽，提升清洗效果。

(6) 干燥：经过漂洗后的废旧地膜物料上附着了大量水分，通过挤干、风干或烘干设备，去除地膜上多余的水分（含水量≤15%）。

(7) 热熔：干燥后的废旧地膜物料进入团粒机，团粒机为密封、仓式结构，在高速转动时对废旧地膜物料进行热熔，将废旧地膜物料从固体热熔为糊状液体。

(8) 滤杂：热熔后的液态废旧地膜中依然会带有细小杂质，通过相应目数滤网的过滤，可去除杂质，提高废旧地膜再生颗粒的品质。在前端工艺一致的情况下，滤网目数越高，生产出的废旧地膜再生颗粒品质越好。

(9) 切粒：除杂后的废旧地膜溶液在螺旋推杆的推送作用下挤出成长条状，通过冷却槽，进入切粒设备，制备成不同规格的废旧地膜再生颗粒。

（10）包装：将废旧地膜再生颗粒通过送入储料仓，进行定量包装。

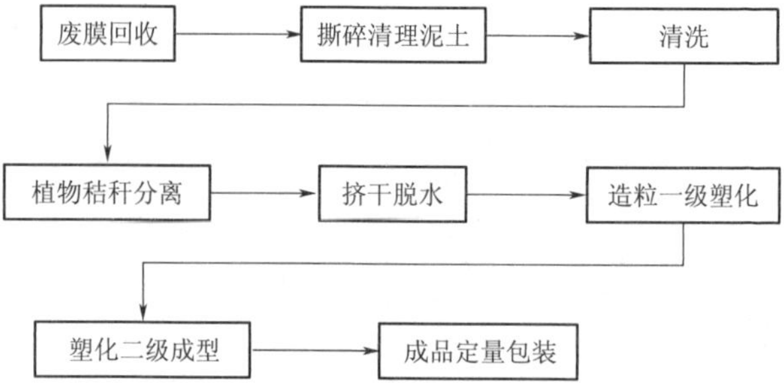

废旧农膜回收造粒工艺流程图

42. 对于不能再生利用的废旧地膜如何处理？

废旧地膜本质上是废弃聚乙烯塑料制品，各地根据实际情况，可因地制宜进行后续处置。对于地膜使用量较大的地区，建立单独的地膜回收体系并实现资源化利用是较为合理的处理方式。对于地膜使用量较小的地区，有条件的情况下，可将废旧地膜纳入城镇生活垃圾处置范围，与农村或城市其他生活垃圾一起，进行填埋或高温焚烧处理，同时应符合生活垃圾填埋场污染控制等标准规范。

第四部分 降解地膜相关基础知识及应用情况

43. 什么是降解塑料？

降解塑料是指，在规定环境条件下，经过一段时间和包含一个或更多步骤，导致材料化学结构的显著变化而损失某些性能（如完整性、分子质量、结构或机械强度）和/或发生破碎的塑料。一般认为，降解塑料根据降解途径可以分为光降解塑料、热氧降解塑料、崩解性塑料和生物降解塑料（或称生物分解塑料）。光降解塑料由日光作用引起降解的塑料，主要通过在传统塑料中添加光敏剂来实现降解。热氧降解塑料是由热和/或氧化引起降解的塑料，主要是在传统塑料添加重金属类等催化剂，在热或光作用下，使聚合物发生分子链断裂，使制品发生崩解，在外观上从大块变成小块。崩解型塑料主要由传统塑料添加有机天然高分子如淀粉、秸秆纤维或者添加无机填料如碳酸钙、滑石粉等添加剂加工成型。生物降解塑料是指在自然界如土壤和/或沙土等条件下，和/或特定条件如堆肥化条件下或厌氧消化条件下或水性培养液中，由自然界存在的微生物作用引起降解，并最终完全降解变成二氧化碳（CO_2）或/和甲烷（CH_4）、水（H_2O）及其所含元素的矿化无机盐以及新的生物质材料。

44. 什么是降解地膜?

降解地膜是为适应社会对于环境保护的需要而产生的一种新型地膜，通过改变原料或者在原有原料基础上添加降解生物质或促进其降解功能的助剂生产而成。在自然界中，这类降解地膜在光、温等环境因子和微生物共同作用下能够逐渐破碎和分解。根据引起降解的客观条件和机理，降解地膜的类型可分为：全生物降解地膜和添加剂型降解地膜。添加剂型降解地膜包括氧化降解地膜、光氧降解地膜、氧化生物双降解地膜等。

45. 什么是全生物降解地膜?

全生物降解地膜是以生物降解材料为主要原料制备的，用于农田土壤表面覆盖的地膜。全生物降解地膜覆盖使用后，可快速降解、被微生物利用，不需回收。由于配方、加工工艺不同，全生物降解地膜在不同环境条件下覆盖使用后的降解时间也不同，在作物收获后短时间可被自然界中的微生物完全分解，最终转化成二氧化碳和水。全生物降解地膜一般具有土壤增温、限制水分蒸发、维持土壤湿度、抑制杂草生长、避免残余薄膜破碎物对土壤毛细结构的破坏等功能，且降解后对土壤与作物无毒、无害，不存在二次污染问题。

46. 什么是添加剂型降解地膜?

添加剂型降解地膜是在聚乙烯原料中掺入可降解生物质或者促进聚乙烯降解的光敏剂、氧化剂等功能助剂吹塑制成的塑料薄膜。主要原理是利用光敏剂、氧化剂等催化剂的催化作用加快聚乙烯降解过程。添加型降解地膜各项功能均与普通聚乙烯地膜相当，但由于其主体原料为聚乙烯，降解过程受到光照等环境影响

云南省玉溪市烟草覆盖全生物降解地膜示范田

因素较多，降解后产生的塑料小颗粒依旧为聚乙烯残留在土壤中，不能短时间转化为二氧化碳和水，其降解的可控性和降解材料的安全性还未明晰，存在二次污染的风险。

47. 不同类型降解地膜的发展现状如何？

全生物降解地膜可以有效解决地膜残留的污染问题，对农作物的生长具有较好的促进作用，市场潜力巨大，已先后在马铃薯、设施蔬菜等多种农作物生产上得到了示范应用。但由于基础材料本身的特性，依然存在成本偏高、增温保墒功能与PE地膜相比还存在一定的差异等问题。根据目前国内外实验表明，全生物降解地膜能够完全分解为二氧化碳和水，对土壤环境不产生二次污染，得到多数欧美发达国家的认可。

添加型降解地膜研究与生产加工技术趋于成熟，同样具有提高地温、保墒、增产、提高效益等作用，价格也接近传统PE地膜，具有良好的使用效果和经济效益，目前在棉花、玉米、甘蔗等作物进行试验。但是其尚存在一些不足，其降解最终产物对环境是否有危害还处于实验室研究阶段。在国际上，欧盟已明令禁止生产、使用该类塑料制品，日本已不再开展此类塑料制品的研发及生产工作。

48. 怎样计算全生物降解地膜有效使用寿命？

全生物降解地膜有效使用寿命为铺膜作业开始到出现影响保温、保墒作用时结束的总天数。全生物降解地膜的有效使用寿命与其本身材料有关，也与使用区域气候、日照时长、土壤特性、海拔高度、作物品种、作业方式等有关。不同气候条件区、不同作物对薄膜覆盖时间的要求不同，按照产品在覆盖中的有效使用寿命长短，《全生物降解农用地面覆盖薄膜》（GB /T 35795—2017）中将全生物降解地膜分为Ⅰ、Ⅱ、Ⅲ、Ⅳ等4类，有效使用寿命分别为60天以内、60～90天、90～120天、120天以上。

49. 为什么降解地膜成为国内外的关注热点？

地膜覆盖技术在给农业增产增收带来巨大经济效益的同时，也造成了白色污染问题。普通的农用地膜使用后易破碎、难回收，塑料碎片在土壤中越积越多，形成阻隔层，降低土壤的透气性，破坏了土壤结构，严重时造成减产减收。20世纪70年代，欧美科学家开始研发降解塑料，作为解决白色污染这一世界难题的理想途径，成为世界各国研究的热点。目前我国地膜的使用量和覆盖面积均居世界第一，如何科学利用地膜、减少残留污染是一个农业突出环境问题。解决农田残留地膜问题，主要有3种途径：一是源头减量，二是废旧地膜回收，三是推广传统地膜替代产品和技术。生物降解地膜是解决地膜残留污染的重要途径，在农业生产中具极好效果，潜力巨大，紧密结合农业生产实际，搞好全生物降解地膜产品研发—农业应用—产品完善和再应用，完善配套农艺技术，是解决地膜污染的重要举措。

50. 全生物降解地膜的生产指标应符合什么要求？

按照《全生物降解农用地面覆盖薄膜》（GB /T 35795—2017）

山东全生物降解地膜示范应用

河北全生物降解地膜示范应用

的规定，应符合的具体指标包含规格（厚度、宽度、每卷净质量）、外观、力学性能、水蒸气透过量、重金属含量、生物降解性能、人工气候老化性能。外观不允许有影响使用的气泡、斑点、折褶、杂质和针孔等缺陷，对不影响使用的缺陷每100平方厘米不得超过20个，膜卷卷取平整，不许有明显的暴筋。降解性能要求有机成分应大于等于51%，相对生物分解率应大于等于90%。

地膜田间降解情况观测记录

51. 降解性能观测方法及降解程度如何判定？

从覆膜开始，分时期按照一定间隔观察膜表面的变化（是否出现裂纹、裂缝、破碎程度，记录裂纹、裂缝数量以及破碎块数），用数码相机照相，并采集地膜的样品装入塑封袋，以便评价地膜物理机械性能，确定其降解程度。

（1）诱导期：即从覆膜到垄（畦）面地膜出现多处（每延长米3处以上）小于等于2厘米自然裂缝或孔洞（直径）的时间。

（2）开裂期：即垄（畦）面地膜出现大于等于2厘米、小于20厘米自然裂缝或孔洞（直径）的时间。

（3）大裂期：即垄（畦）面地膜出现大于20厘米自然裂缝的时间。

（4）碎裂期：地膜柔韧性尽失，垄（畦）面地膜出现碎裂，最大地膜残片面积小于等于16平方厘米的时间。

（5）无膜期：垄（畦）面地膜基本见不到地膜残片的时间。开始铺膜到出现小裂缝的时间阶段。

52. 降解地膜环境安全影响如何评价？

由于降解地膜技术处于研发试验阶段，其中含有助剂、添加剂等物质，为了评价其环境安全性，可开展生态毒理实验，测定地膜材料及作为中间物的降解产品可能造成的负面影响，包括植物生长急性毒性实验、蚯蚓急性毒性实验、蚯蚓慢性毒性实验、土壤微生物硝化抑制实验等。其中植物生长急性毒性实验，主要测定土壤中地膜可能对陆生植物萌芽、早期生长和发展的毒性影响，如对植物出苗和生长的影响；蚯蚓急性毒性实验，主要测定材料对成年蚯蚓死亡率和生物量的负面影响。根据EN ISO 11268－1进行实验：蚯蚓慢性毒性实验，主要比较未暴露于实验材料的土壤和暴露的土壤中成年蚯蚓繁殖情况，评估实验材料对繁殖情况的影响，同时观测成年蚯蚓生长和存活情况。根据 EN ISO 11268－2 进行实验：土壤微生物硝化抑制实验，主要测定土壤中的地膜对生活在土壤中的微生物硝化作用的负面影响。根据 ISO 15685 进行实验。

降解地膜蚯蚓毒性试验

降解地膜对植物生长急性毒性试验

53. 全生物降解地膜的产品性能如何？

在功能性上，全生物降解地膜能满足机械化覆膜要求，增温保墒性能弱于普通聚乙烯地膜，在部分作物上可以满足生长发育的需求。在降解性能上，检测表明，全生物降解地膜 45 天生物分解率为 35％～40％，180 天生物分解率为 80％～90％，能够达到快速降解的要求。试验表明，全生物降解地膜可基本全部降解，降解产物是二氧化碳和水，对环境没有危害。在推广应用上，目前，国内全生物降解地膜替代技术在马铃薯、烟草、设施蔬菜上进行了大面积推广使用，被列为农业农村部十大引领性技术；全生物降解地膜在国外得到认可，欧洲推广面积占到覆膜总面积的 5％，日本占到 10％。

54. 全生物降解地膜田间应用如何操作？

全生物降解地膜田间应用操作步骤包括整地起畦、地膜铺设、薄膜冲孔、灌溉、施肥、杂草控制、后期处理。根据播种时墒情适当深耕整地，要求耕作深度为25～30厘米，土壤应精细准备，使用与常规聚乙烯地膜同样的铺设机，铺设时避免纵向紧绷，根据土壤条件调节铺设速度。根据种植需要，可对薄膜进行微细孔/大孔冲孔，一般情况下应在薄膜已在土壤中铺设完毕后进行冲孔。全生物降解地膜的水分蒸发渗透性高于普通PE地膜，在干旱地区，可适当增加灌溉频次和灌溉量。如需施用有机肥，在铺膜前至少提前15天施入土壤，与土壤充分混合，避免地膜直接接触有机肥，防止有机肥中较高的微生物含量引起地膜过早降解，后期肥料管理、追肥与普通聚乙烯地膜相同。黑色或有色全生物降解地膜在农田使用广泛，此类地膜控制杂草的效果与同色普通地膜相同。种植结束后，应确保全生物降解地膜融入土壤，并保持埋藏状态，以便降解。

55. 全生物降解地膜在不同作物及地区的适用性怎么样?

全生物降解地膜与普通聚乙烯地膜一样，具有一定的保温、保墒的作用，且在土壤性状及促进作物生长方面不亚于普通聚乙烯地膜。在干旱地区，采用全生物降解地膜覆盖结合滴灌的方式可有效提高作物的水分利用率。此外，全生物降解地膜在抑制杂草生长、抑制虫害等方面也不亚于聚乙烯膜。但是全生物降解地膜在不同作物上表现存在差异，部分作物上可适度替代，目前尚未形成一膜打天下的局面。

从试验研究结果来看，全生物降解地膜在部分作物上表现良好，且具有较好的经济效益，可大面积示范推广。如全生物降解地膜覆土栽培马铃薯的产量和商品率均高于PE地膜，部分全生物降解地膜增产幅度达到16%；在烟草上全生物降解地膜较普通PE

地膜产量差距不显著，平均功能期与烟草发育安全覆盖期接近，符合烤烟栽培对地膜覆盖功能期的需要；在蔬菜上基本能满足增温保墒及产量的需要，与普通 PE 地膜产量差距不显著。在部分作物上应用全生物降解地膜还存在较大风险。如在西北棉花上，其生育期长，在前期出苗、后期开花吐絮都需要增温保墒，目前还无法满足生长需求，存在大幅度减产的风险。在玉米和花生上表现出较大区域差异性，产量受环境因素和农艺措施影响较大，且经济效益不高，目前还不具备大面积示范推广的条件。

降解地膜试验情况

56. 当前全生物降解地膜应用推广还存在哪些问题？

(1) 降解可控性与农作物需求存在差异。目前，部分全生物降解地膜破裂和降解可控性还存在一定问题。受气候、环境、耕作方式等影响，一些全生物降解地膜的破裂、降解过早，覆盖时间远低于作物地膜覆盖安全期，导致其功能无法发挥。

(2) 增温保墒性能需要进一步加强。受原材料自身特性的限值，部分全生物降解地膜的增温保墒功能与普通PE地膜相比还是存在一定的差异。

(3) 产品价格较高，短时间内难以完全替代普通PE地膜。全生物降解地膜行业处于起步试验阶段，原材料和加工合成成本均较高，一般情况下，全生物降解地膜销售价格是普通聚乙烯地膜3倍左右，限制产品大规模推广应用。但随着全生物降解地膜工艺改进和规模化生产，普通聚乙烯地膜回收处理必要性和回收成本提高，普通聚乙烯地膜与全生物降解地膜应用的综合成本差异将会越来越小。

57. 未来降解地膜的发展趋势是什么？

对于全生物降解地膜，需进一步做好性能验证和田间试验，因地制宜，充分考虑地膜降解诱导期、作物、气候、农艺性状等因素对地膜性能的要求，研发出分区域和分作物的全生物降解地膜产品，加强配套农艺技术和措施的研究，针对马铃薯、烟草、设施蔬菜等作物，有序开展全生物降解地膜应用的示范推广。对于添加剂型降解地膜，考虑到其主要成分仍是塑料，能否完全降解还有待进一步验证，加之欧盟已明令禁止使用这类产品，建议继续做好研发和试验评价，在没有探明其产品稳定性和安全性之前，不宜进行推广应用。

第五部分

地膜污染治理政策措施

58. 国家层面有关地膜污染治理的法律法规都有哪些？

目前，我国有多部法律涉及地膜污染治理。《中华人民共和国农业法》第五十八条规定：农民和农业生产经营组织应当保养耕地，合理使用农用薄膜。《中华人民共和国环境保护法》第四十九条规定：各级人民政府及其农业等有关部门和机构应当指导农业生产经营者科学种植和养殖，科学合理施用农药、化肥等农业投入品，科学处置农用薄膜、农作物秸秆等农业废弃物，防止农业面源污染。《中华人民共和国农产品质量安全法》《中华人民共和国清洁生产促进法》《中华人民共和国循环经济促进法》《中华人民共和国固体废物污染环境防治法》等都对科学使用地膜，防治环境污染做出规定。《中华人民共和国土壤污染防治法》明确规定：加强农用薄膜使用控制；地方人民政府农业农村部门应当指导农业生产者合理使用农药、兽药、肥料、饲料、农用薄膜等农业投入品；农业投入品生产者、销售者和使用者应当及时回收农用薄膜；鼓励和支持农业生产者使用生物可降解农用薄膜；农业投入品生产者、销售者、使用者未按照规定及时回收农用薄膜，由地方人民政府农业农村主管部门责令改正，处一万元以上十万元以下的罚款，农业投入品使用者为个人的，可以处二百元以上二千元以下的罚款。2020 年 7 月，农业农村部、工业和信息化部、生态环境部、国家市场监督管理总局联合印发了《农用薄膜管理办法》，明确了农用薄膜的生产、销售、使用、回收、再利用各环节部门分工，对生产者、销售者、使用者的行为进行了规范，对不同主体的回收责任提出了具体要求，构建了全过程的监管体系。

59. 地方出台了哪些有关地膜污染治理的法律法规？

为有效治理地膜污染，各地积极探索，颁布地方条例法规。甘肃于 2014 年 1 月 1 日起施行《甘肃省废旧农膜回收利用条例》，明确了农业生产者、农膜生产经营企业、废旧农膜回收利用企业和政府各有关部门在废旧农膜回收利用工作中的职责，规定了农用地膜的使用标准，强化了有关法律责任，补充完善了扶持政策。新疆于 2016 年 5 月 1 日起施行《新疆维吾尔自治区农田地膜管理条例》，这是全国第一部对农田地膜管理做出具体规定的地方性法规，涉及农田地膜的生产、销售、使用、回收利用等环节。2019 年 5 月，重庆市出台了《重庆市废弃农膜回收利用管理办法（试行)》，重点依靠供销合作社系统，从网络体系构建、基础数据统计、任务下达、督查评估等方面做好回收利用工作。广西于 2020 年 10 月 30 日公布并实施《广西农用薄膜管理办法》，根据地方用膜特点，由县级以上人民政府糖业行政主管部门负责糖料作物农用薄膜使用、回收监督理工作，指导糖料作物生产者科学使用农用薄膜，通过细化工作措施和相关主体责任，对罚则也进行了细化。内蒙古乌兰察布市公布《乌兰察布市农用地膜污染防治条例》，自 2021 年 3 月 1 日起施行，对农膜全生命链条部门分工、主体义务进行了规定，同时对苏木乡镇、嘎查村两级参与地膜污染治理进行了职责细化，对违规行为处罚在操作层面进行了细化。

60. 国家层面都实施了哪些地膜污染治理政策？

国家高度重视地膜污染治理工作，近年来相继出台了一系列文件、规划，加强政策指引，明确治理思路、目标、措施。2015年，原农业部印发《关于打好农业面源污染防治攻坚战的实施意见》，提出：到2020年，农膜回收率达80%以上；要加快地膜标准修订，开展农田残膜回收区域性示范。同年，多部门联合出台《全国农业可持续发展规划（2015—2030年）》，提出要推广加厚地膜，开展废旧地膜机械化捡拾示范推广和回收利用，加快可降解地膜研发。2016年，国务院印发《土壤污染防治行动计划》，明确提出要修订农膜标准，出台废弃农膜回收利用等部门规章，严厉打击违法生产和销售不合格农膜的行为，建立健全废弃农膜回收贮运和综合利用网络。同年，国务院出台《全国农业现代化规划（2016—2020年）》，提出要健全农田残膜回收再利用激励机制，严禁生产和使用厚度0.01毫米以下的地膜，率先在东北地区实现大田生产地膜零增长。2017年，农业部启动实施农膜回收行动，在甘肃、新疆、内蒙古等地区建设了100个农膜污染治理示范县，推进加厚地膜应用、机械化捡拾、专业化回收、资源化利用，试点地膜生产者责任延伸制度。同年，中共中央办公厅 国务院办公厅印发《关于创新体制机制推进农业绿色发展的意见》，到2020年，农膜回收率达到80%，完善废旧地膜和包装废弃物等回收处理制度。2018年，生态环境部、农业农村部印发《农业农村污染治理攻坚战行动计划》，提出要整县推进农膜回收利用，加大新修订的地膜国家标准宣传贯彻力度，完善废旧地膜等回收处理制度。2019年，农业农村部、国家发展改革委、工业和信息化部、财政部、生态环境部、国家市场监督管理总局联合印发了《关于加快推进农用地膜污染防治的意见》，提出地膜污染治理的总体要求、制度措施和政策保障，从生产、销售、使用、回收4个环节落实相应主体责任。

61. 什么是地膜生产者责任延伸制度?

生产者责任延伸制度，是指将生产者对其产品承担的资源环境责任从生产环节延伸到产品设计、流通消费、回收利用、废物处置等全生命周期的制度设计。具体到地膜污染治理领域，地膜生产企业需分担废旧地膜离田回收的经济责任。作为地膜的生产者，企业从行业发展中获得了一定的经济利润，需要突出其在地膜污染防治中的经济责任，即除了要生产出符合国家质量标准的地膜外，还要为残膜治理提供部分资金支持。相关研究表明，生产者责任延伸制度在地膜回收中具有很强的适用性，通过实施地膜生产者责任延伸机制，可以激励企业源头改进生产工艺，末端推进残膜回收和资源化利用，从全产业链的视角探索污染防治办法，并提升资源利用效率，而且生产企业数量比农户数量相对要少，政府监管成本更低。需要指出的是，延伸地膜生产者的责任，并不必然要求生产者自己承担具体回收的行为责任，可以委托销售商、回收加工企业等第三方进行回收。

62. 如何有效实施地膜生产者责任延伸制度?

2017年，农业部印发《农膜回收行动方案》，在新疆、甘肃等地开展地膜回收生产者责任延伸制度试点。各地要以压实生产者的经济责任为重点，不断扩大试点范围，鼓励建立行业协会和生产企业组建回收联盟，探索缴纳废弃处理基金、押金返还、以旧换新等多元化的地膜生产者责任延伸制度实践形式。同时，通过行业协会约束激励作用，推动有效解决政府管理部门或者受委托的生产者责任延伸组织与小生产者之间信息不对称的问题，使相关的管理部门对各农用地膜生产企业的技术、产量、能耗、产品再生度等相关信息有详尽的了解，鼓励更多的企业遵纪守法，履行延伸性的生产者责任。

63. 什么是农膜回收区域补偿制度？

《农业农村部 财政部关于做好2020年农业生产发展等项目实施工作的通知》提出，要推进农业绿色发展，全面落实以绿色生态为导向的农业补贴制度改革方案，全面推开农资综合补贴、种粮农民直接补贴和农作物良种补贴等农业“三项补贴”改革，鼓励各地切实加强农业生态资源保护，自觉提升耕地地力。耕地地力保护补贴由原来的良种补贴、种粮农民直接补贴、农资综合补贴等“三项补贴”合并而成，其补贴对象原则上为拥有耕地承包权的种地农民，补贴依据是二轮承包耕地面积、计税耕地面积、确权耕地面积或粮食种植面积等，具体由省级人民政府结合本地实际自定，补贴标准由地方根据补贴资金总量和确定的补贴依据综合测算确定。绿色补贴政策，是“WTO”的绿箱政策，是由发展生产性补贴转向为绿色保护性补贴，是目前国际上通行的做法。农膜回收区域补偿制度，是将耕地地力补贴与农膜回收效果相挂钩的一种创新制度，通过制度约束，鼓励和调动各方主动保护耕地地力，积极开展农膜回收利用，切实发挥补贴资金的激励约束作用，构建农膜回收长效机制。

64. 如何有效实施农膜回收区域补偿制度？

目前，内蒙古、甘肃、新疆等地的一些县已开展地膜回收区域补偿制度试点。主要做法有：强化组织领导，制定试点实施方案，把地膜污染防治纳入各乡镇年底目标绩效考核体系，强化组织体系。根据实际情况，落实落细工作内容，加大宣传力度，层层签订责任状，将农膜回收与耕地地力保护补贴相挂钩，压实回收责任；开展村组织“微治理”、基层网格化管理等，将废旧农膜回收利用纳入村规民约进行自治管理、精细化管理；加强回收核查，对废旧地膜捡拾达标的农户按期发放耕地地力补贴，对未达标的提醒告知，复核合格的农户分批发放，对拒不捡拾，经联合执法告知限期整改，回收合格后发放，对整改不力，造成耕地污染的农户，将不予发放耕地地力保护补贴，对态度恶劣，情节较重的，依据《中华人民共和国土壤污染防治法》予以处罚。

65. 国家在地膜污染治理方面要达到什么目标？

2015 年 5 月《全国农业可持续发展规划（2015—2030 年）》中指出，要综合治理地膜污染，推广加厚地膜，开展废旧地膜机械化捡拾示范推广和回收利用，加快可降解地膜研发，到 2030 年农业主产区农膜和农药包装废弃物实现基本回收利用。

2019 年 6 月农业农村部、国家发展改革委、工业和信息化部、财政部、生态环境部、国家市场监督管理总局联合印发《关于加快推进农用地膜污染防治的意见》，提出到 2020 年建立工作机制，明确主体责任，回收体系基本建立，农膜回收率达到 80%以上，全国地膜覆盖面积基本实现零增长。到 2025 年，农膜基本实现全回收，全国地膜残留量实现负增长，农田白色污染得到有效防控。

66. 政府部门在地膜污染防治方面是如何分工的？

《农用薄膜管理办法》就部门分工专门做了规定，遵循全链条监督管理的思路，构建了覆盖农用薄膜生产、销售、使用、回收等环节的监管体系。《农用薄膜管理办法》第四条、第五条规定，地方各级人民政府依法对本行政区域农用薄膜污染防治负责，组织、协调、督促有关部门依法履行农用薄膜污染防治监督管理职责。县级以上人民政府农业农村主管部门负责农用薄膜使用、回收监督管理工作，为农用薄膜使用者提供技术指导和服务，指导农用薄膜回收利用体系建设，建立农用薄膜残留监测制度；县级以上人民政府工业和信息化主管部门负责农用薄膜生产指导工作，督促生产者依法依规执行好相关标准；县级以上人民政府市场监管部门负责农用薄膜产品质量监督管理工作，建立农用薄膜市场监管制度，定期开展农用薄膜质量监督检查；县级以上生态环境部门负责农用薄膜回收、再利用过程环境污染防治的监督管理工作。

67. 为什么要做好地膜质量源头管控？

地膜管理涉及面广，只有从生产、销售、使用、回收、再利用等环节实施全链条监督管理，才能实现改善农业生态环境，推进农业绿色发展的目的。由于农田环境复杂，不达标地膜一旦进入使用环节，往往无法回收，造成耕地污染。实践表明，超薄地膜的大量使用是造成残膜污染的主要原因，淘汰难以回收的不达标地膜是从源头上防治地膜残留污染的关键举措，是保障废旧地膜回收与资源化利用的重要前提。在多部门的联合推动下，地膜新国标《聚乙烯吹塑农用地面覆盖薄膜》（GB 13735—2017）于2018年5月正式实施，该标准提高了地膜厚度、力学性能及耐候性能，厚度要求不得低于0.010毫米，有效提高了地膜可回收性。《农用薄膜管理办法》也对生产、销售环节部门分工、主体行为进行了明确和规范。只有源头质量监管到位了，后续的回收和再利用才具有坚实的基础。

68. 国家对地膜生产、销售有哪些规定？

为了便于农用薄膜产品追溯和市场监管，《农用薄膜管理办法》对生产者、销售者在相关环节的行为作出了明确规定。

生产者应当落实国家关于农用薄膜行业规范的要求，执行农用薄膜相关标准，确保产品质量。生产者应当在每卷地膜、每延米棚膜上添加可辨识的企业标识，便于产品追溯和市场监管。生产者应当依法建立农用薄膜出厂销售记录制度，如实记录农用薄膜的名称、规格、数量、生产日期和批号、产品质量检验信息、购货人名称及其联系方式、销售日期等内容。出厂销售记录应当至少保存两年。出厂销售的农用薄膜产品应当依法附具产品质量检验合格证，标明推荐使用时间等内容。农用薄膜应当在合格证明显位置标注“使用后请回收利用，减少环境污染”中文字样。全生物降解农用薄膜应当在合格证明显位置标注“全生物降解薄膜，注意使用条件”中文字样。

销售者应当查验农用薄膜产品的包装、标签、质量检验合格证，不得采购和销售未达到强制性国家标准的农用薄膜，不得将非农用薄膜销售给农用薄膜使用者。销售者应当依法建立销售台账，如实记录销售农用薄膜的名称、规格、数量、生产者、生产日期和供货人名称及其联系方式、进货日期等内容。销售台账应当至少保存两年。

69. 针对地膜生产销售违规行为有哪些约束处罚措施？

《农用薄膜管理办法》第二十三条规定，生产、销售农用薄膜不符合强制性国家标准的，依照《中华人民共和国产品质量法》等法律、行政法规的规定查处，依法依规记入信用记录并予以公示。政府招标采购的农用薄膜应当符合强制性国家标准，依法限制失信企业参与政府招标采购。

地方法规中也作出了相应的规定。《新疆维吾尔自治区农田地膜管理条例》第二十二条对生产、销售不符合规定地膜的行为，作出了明确的要求。指出“违反本条例第三条第二款规定，生产、销售不符合规定农田地膜的，分别由县级以上人民政府质量技术监督、工商行政管理部门按照各自职责，责令停止生产、销售，没收违法生产、销售的农田地膜，并处违法生产、销售的农田地膜（包括已售出和未出售的农田地膜）货值金额等值以上三倍以下的罚款；有违法所得的，并处没收违法所得；情节严重的，依法吊销营业执照；构成犯罪的，依法追究刑事责任。”《甘肃省废旧农膜回收利用条例》《广西农用薄膜管理办法》《乌兰察布市农用地膜污染防治条例》等地方条例和管理办法中，也做了相应规定。

70. 针对地膜使用者或企业组织，都有哪些约束处罚措施？

《中华人民共和国土壤污染防治法》第八十八条明确指出，违反本法规定，农业投入品生产者、销售者、使用者未按照规定及时回收农用薄膜，由地方人民政府农业农村主管部门责令改正，处一万元以上十万元以下的罚款；农业投入品使用者为个人的，可以处二百元以上二千元以下的罚款。《农用薄膜管理办法》第十二条规定，农用薄膜使用者应当按照产品标签标注的期限使用农用薄膜。农业生产企业、农民专业合作社等使用者应当依法建立农用薄膜使用记录，如实记录使用时间、地点、对象以及农用薄膜名称、用量、生产者、销售者等内容。农用薄膜使用记录应当至少保存两年。

地方法规中也作出了相应的规定。《新疆维吾尔自治区农田地膜管理条例》的第二十一条、第二十三条、第二十五条都提出了明确要求：“第二十一条农田地膜使用者、农业生产经营组织使用不符合本条例规定标准的农田地膜或者未回收废旧农田地膜的，由县级以上人民政府农业主管部门责令限期改正；逾期未改正的，不得享受有关农田地膜的优惠政策。第二十三条 违反本条例第十四条规定，农田地膜使用者、农业生产经营组织或者回收企业弃置、掩埋废旧农田地膜的，由县级以上人民政府农业主管部门责令限期改正；逾期未改正的，对农田地膜使用者处一百元以上一千元以下罚款；对农业生产经营组织处一千元以上一万元以下的罚款；对回收企业处三千元以上三万元以下罚款。焚烧废旧农田地膜的，按照前款规定处以罚款。第二十五条 违反本条例第十八条规定，未履行回收废旧农田地膜责任，或未按要求回收，或者回收后未交到指定回收网点，或者未将回收的废旧农田地膜全部资源化利用的，由县级以上人民政府农业主管部门对农田地膜使用者处三百元以上三千元以下的罚款；对农业生产经营组织处三千元以上三万元以下的罚款；对回收企业处五千元以上五万元以下的罚款。”其他地区地方条例和管理办法中，也做了相应规定。

各地积极开展土壤污染防治、农用薄膜管理办法宣传活动

71. 对各主体的地膜回收责任有什么要求？

《中华人民共和国土壤污染防治法》提出，生产者、销售者和使用者应当及时回收农用薄膜。第八十八条规定，违反本法规定，农业投入品生产者、销售者、使用者未按照规定及时回收农用薄膜，由地方人民政府农业农村主管部门责令改正，处一万元以上十万元以下的罚款；农业投入品使用者为个人的，可以处二百元以上二千元以下的罚款。《农用薄膜管理办法》第十六条提出，农用薄膜生产者、销售者、回收网点、废旧农用薄膜回收再利用企业或其他组织等应当开展合作，采取多种方式，建立健全农用薄膜回收利用体系，推动废旧农用薄膜回收、处理和再利用。第二十四条规定，农用薄膜生产者、销售者、使用者未按照规定回收农用薄膜的，依照《中华人民共和国土壤污染防治法》第八十八条规定处罚。

72. 对地膜相关管理部门工作人员有哪些规范要求?

《中华人民共和国土壤污染防治法》第八十五条指出，地方各级人民政府、生态环境主管部门或者其他负有土壤污染防治监督管理职责的部门未依照本法规定履行职责的，对直接负责的主管人员和其他直接责任人员依法给予处分。依照本法规定应当作出行政处罚决定而未作出的，上级主管部门可以直接作出行政处罚决定。

《新疆维吾尔自治区农田地膜管理条例》第二十六条指出：“在农田地膜管理工作中，县级以上人民政府农业主管部门、有关主管部门及其工作人员违反本条例规定，有下列行为之一的，由其主管部门或者行政监察机关对主管人员和其他直接责任人员依法给予行政处分；给当事人造成损害的，依法给予赔偿；构成犯罪的，依法追究刑事责任。

（一）对违反本条例规定应当受到处罚的行为未进行处罚的；

（二）对依照本条例应当给予奖励或财政资金补贴未兑现的；

（三）因疏于管理致使财政资金补贴被挪作他用的；

（四）扣压、销毁举报信件或者向被举报人透露举报内容的；

（五）利用行政强制措施为单位或者个人谋取利益的；

（六）其他未依法履行职责、滥用职权、玩忽职守、徇私舞弊的。”

73. 对地膜污染治理有哪些政策扶持措施？

《关于加快推进农用地膜污染防治的意见》提出，中央财政继续支持地方开展废弃地膜回收利用工作，继续推动农膜回收示范县建设。地膜使用量大、污染严重的地区，省级政府可根据当地实际安排地膜回收利用资金，对从事废弃地膜回收的网点、资源化利用主体等给予支持，对机械化捡拾作业等给予适当补贴。

为激励各方参与农用薄膜回收，完善回收利用的措施，《农用薄膜管理办法》提出：一是鼓励研发、推广农用薄膜回收技术与机械，因地制宜、多措并举开展废旧农膜回收再利用；二是鼓励和支持生产、使用全生物降解农用薄膜；三是支持废旧农用薄膜再利用企业按照规定，享受用地、用电、用水、信贷、税收等优惠政策，扶持从事废旧农用薄膜再利用的社会化服务组织和企业。

74. 为什么要做好地膜使用及残留污染监测？

地膜残留污染具有长期性、复杂性、滞后性，不仅要杜绝欠新账，而且要逐步还旧账。农业生态环境是农业生产的物质基础，监测是农业生态环境保护的基础工作。开展农田地膜覆盖及残留监测，建立健全监测数据档案和管理信息平台，对于准确判断我国当前农业生态环境形势，精准实施农业农村污染治理攻坚战行动计划，不断改善农业生态环境质量，保障农产品质量安全具有重要意义。《关于加快推进农用地膜污染防治的意见》中提出，将地膜污染治理纳入地方政府有关农业绿色发展的考核指标，加强对地膜污染防治的监督和考核。防治目标的实现以及工作的监督考核都需要做好地膜使用及残留污染监测。《农用薄膜管理办法》第二十一条规定，建立农用薄膜残留监测制度，县级以上地方人民政府农业农村主管部门应当定期开展本行政区域的农用薄膜残留监测。

75. 地膜使用及残留污染监测有哪些内容？

《农用薄膜管理办法》第二十一条规定，建立农用薄膜残留监测制度，县级以上地方人民政府农业农村主管部门应当定期开展本行政区域的农用薄膜残留监测。2014 年开始，农业农村部组织开展全国农田地膜残留监测，各地也根据实际开展了有关工作。按照 2020 年《农业农村部生态总站关于印发全国农田地膜残留监测方案的通知》要求，各省（自治区、直辖市）选择主要覆膜区域、主要覆膜作物、典型覆膜地块（地膜覆盖集中连片区）作为监测地块。主要监测内容包括农业基本生产情况（包括地址、农户姓名、联系电话、种植户类型、地块中心经纬度、与住处间距离、耕地面积、播种面积、土壤质地、平均温度、降雨量、日照时数、无霜期、灌溉方式等）、地膜使用情况（作物用膜情况、首次覆膜年份、覆膜年限、覆膜方式、地膜使用周期、地膜产品信息等）、地膜回收情况（残膜回收方式、残膜回收/离田量、残膜去向占比情况、回收网点、残膜收购价格、回收网点距离等）、采样监测点现场照片（田块照片、样方照片、样品照片、经纬度屏显照片等）、各样方地膜残留状况（采样时间、各样方残膜重量等）五方面内容。

农田地膜残留监测取样、清洗测量

76. 推动地膜污染治理都开展了哪些重点工作?

从技术措施上看，近年来各地大力推广普及0.01毫米及以上标准地膜，提高地膜厚度、强度、耐候期，从源头提升了地膜可回收性。加大残膜回收机具、地膜无害化处理技术等研发力度，重点在新疆棉区推动机械化捡拾作业，提高回收效率。在马铃薯、烟草、设施蔬菜等作物上有序推广全生物降解地膜替代技术，减少残留污染风险。

从工作措施上看，相继出台了《农用薄膜管理办法》《关于加快推进农用地膜污染防治的意见》等法规政策，构建全链条监管体系。在西北地区建设100个农膜回收示范县，着力解决地膜残留污染的突出问题，通过不断健全回收网络体系，提高回收加工能力，农田白色污染已得到有效管控。试点开展农膜回收区域性绿色补贴政策，探索建立相关补贴资金与农膜回收相挂钩的补贴机制，充分调动各主体的积极性和主动性。

77. 如何引导农民参与地膜污染治理?

一是加强宣传教育。加大地膜污染危害和法律法规的宣贯力度，提高地膜使用者认识水平和法制意识，同时，加大执法力度，严格执行国家及地方相关的法律标准，对生产、销售和使用不达标地膜，未及时开展回收等行为依法处罚，营造良好氛围。二是加强示范引导。通过技术创新，加大地膜减量使用、全生物降解地膜替代、机械化回收等技术的试验示范推广力度，引导农户采用新技术、新产品实现提质增效。三是畅通回收利用渠道。壮大专业化回收组织，健全乡村回收体系，扶持高附加值加工利用企业，通过畅通渠道，提升价值，提高地膜回收利用率。

78. 如何加快培育地膜回收的市场主体？

培育发展地膜回收的市场主体，吸引社会资本投入，是治理地膜污染的有效抓手。通过支持建设废旧地膜回收网络，鼓励政府与企业共建、第三方运营的模式，确保覆盖主要项目用膜区域，推动残膜基本回收利用。在废旧地膜加工能力不足地区，通过“先建后补”的方式，鼓励项目资金引入PPP建设模式，扶持一批资源化加工利用企业，加大地膜回收资源化利用力度。在新疆等地膜覆盖面积较大的地区，可以通过引导扶持一批专业化回收组织，统一开展废旧地膜田间捡拾回收作业，既可以提高效率、确保回收质量，也可以培育带动回收产业发展，逐步形成市场化推进机制。

79. 欧盟地膜污染防治采取了哪些政策措施？

在欧洲发达国家，农用地膜是唯一一种未经立法就可以回收的塑料废弃物。早在20世纪80年代初，欧盟就引入了废弃包装材料的管理规定。2008年，欧盟出台废物框架指令，对于促进农业废弃物分类和循环利用产生了决定性的影响。此外，欧盟通过第六个框架计划建立了“农用塑料标记协会”，制定了欧洲农用塑料废物的标签制度，将废旧地膜的销售形成标准化链条，为提高回收率提供了强有力的动力。此外，欧盟《农业废弃物填埋条例》和《农业废弃物焚烧条例》对废旧农膜回收处理进行了明确规定，其主要处理方式主要包括：把地膜燃烧的热能用于发电或其他方面；通过分解回收乙烯或提炼石油制品或制成塑料制品。

80. 日本地膜污染防治采取了哪些政策措施？

从20世纪70年代起，日本就已经开始注重提高资源利用率。1970年，日本政府颁布《日本废弃物处理及清扫法》，对农用地膜的使用厚度、回收办法和处理方式进行了严格的要求，规定地膜使用后不能私自扔掉、焚烧和填埋，否则将处以高额罚款，地膜回收流程为：农民对使用后的地膜进行回收清洗，按质量付费给产业废物管理公司，公司对回收的地膜进行再处理，制成燃料块后销售给有关能源企业。地膜以村镇为单元分散或集中回收，回收处理费用合计约为每公斤40～50日元，其中主要由农民自身承担，一些地方则由村镇政府、农协和农民各承担三分之一。2009年，日本成立生物分解农用材料协会，用以专门研究和推广生物降解地膜的使用，目前，生物降解地膜的用量已占日本地膜总量的5%以上。

第六部分

地膜污染治理相关法规、政策和标准

农用薄膜管理办法

中华人民共和国农业农村部　工业和信息化部　生态环境部

市场监管总局令 2020 年第 4 号

第一章　总　　则

第一条　为了防治农用薄膜污染，加强农用薄膜监督管理，保护和改善农业生态环境，根据《中华人民共和国土壤污染防治法》等法律、行政法规，制定本办法。

第二条　本办法所称农用薄膜，是指用于农业生产的地面覆盖薄膜和棚膜。

第三条　农用薄膜的生产、销售、使用、回收、再利用及其监督管理适用本办法。

第四条　地方各级人民政府依法对本行政区域农用薄膜污染防治负责，组织、协调、督促有关部门依法履行农用薄膜污染防治监督管理职责。

第五条　县级以上人民政府农业农村主管部门负责农用薄膜

使用、回收监督管理工作，指导农用薄膜回收利用体系建设。

县级以上人民政府工业和信息化主管部门负责农用薄膜生产指导工作。

县级以上人民政府市场监管部门负责农用薄膜产品质量监督管理工作。

县级以上生态环境主管部门负责农用薄膜回收、再利用过程环境污染防治的监督管理工作。

第六条 禁止生产、销售、使用国家明令禁止或者不符合强制性国家标准的农用薄膜。鼓励和支持生产、使用全生物降解农用薄膜。

第二章 生产、销售和使用

第七条 农用薄膜生产者应当落实国家关于农用薄膜行业规范的要求，执行农用薄膜相关标准，确保产品质量。

第八条 农用薄膜生产者应当在每卷地膜、每延米棚膜上添加可辨识的企业标识，便于产品追溯和市场监管。

第九条 农用薄膜生产者应当依法建立农用薄膜出厂销售记录制度，如实记录农用薄膜的名称、规格、数量、生产日期和批号、产品质量检验信息、购货人名称及其联系方式、销售日期等内容。出厂销售记录应当至少保存两年。

第十条 出厂销售的农用薄膜产品应当依法附具产品质量检验合格证，标明推荐使用时间等内容。

农用薄膜应当在合格证明显位置标注“使用后请回收利用，减少环境污染”中文字样。全生物降解农用薄膜应当在合格证明显位置标注“全生物降解薄膜，注意使用条件”中文字样。

第十一条 农用薄膜销售者应当查验农用薄膜产品的包装、标签、质量检验合格证，不得采购和销售未达到强制性国家标准的农用薄膜，不得将非农用薄膜销售给农用薄膜使用者。

农用薄膜销售者应当依法建立销售台账，如实记录销售农用薄膜的名称、规格、数量、生产者、生产日期和供货人名称及其联系方式、进货日期等内容。销售台账应当至少保存两年。

第十二条 农用薄膜使用者应当按照产品标签标注的期限使用农用薄膜。农业生产企业、农民专业合作社等使用者应当依法建立农用薄膜使用记录，如实记录使用时间、地点、对象以及农用薄膜名称、用量、生产者、销售者等内容。农用薄膜使用记录应当至少保存两年。

第十三条 县级以上人民政府农业农村主管部门应当采取措施，加强农用薄膜使用控制，开展农用薄膜适宜性覆盖评价，为农用薄膜使用者提供技术指导和服务，鼓励农用薄膜覆盖替代技术和产品的研发与示范推广，提高农用薄膜科学使用水平。

第三章 回收和再利用

第十四条 农用薄膜回收实行政府扶持、多方参与的原则，各地要采取措施，鼓励、支持单位和个人回收农用薄膜。

第十五条 农用薄膜使用者应当在使用期限到期前捡拾田间的非全生物降解农用薄膜废弃物，交至回收网点或回收工作者，不得随意弃置、掩埋或者焚烧。

第十六条 农用薄膜生产者、销售者、回收网点、废旧农用薄膜回收再利用企业或其他组织等应当开展合作，采取多种方式，建立健全农用薄膜回收利用体系，推动废旧农用薄膜回收、处理和再利用。

第十七条 农用薄膜回收网点和回收再利用企业应当依法建立回收台账，如实记录废旧农用薄膜的重量、体积、杂质、缴膜人名称及其联系方式、回收时间等内容。回收台账应当至少保存两年。

第十八条 鼓励研发、推广农用薄膜回收技术与机械，开展废旧农用薄膜再利用。

第十九条 支持废旧农用薄膜再利用企业按照规定享受用地、用电、用水、信贷、税收等优惠政策，扶持从事废旧农用薄膜再利用的社会化服务组织和企业。

第二十条 农用薄膜回收再利用企业应当依法做好回收再利用厂区和周边环境的环境保护工作，避免二次污染。

第四章 监督检查

第二十一条 建立农用薄膜残留监测制度，县级以上地方人民政府农业农村主管部门应当定期开展本行政区域的农用薄膜残留监测。

第二十二条 建立农用薄膜市场监管制度，县级以上地方人民政府市场监管部门应当定期开展本行政区域的农用薄膜质量监督检查。

第二十三条 生产、销售农用薄膜不符合强制性国家标准的，依照《中华人民共和国产品质量法》等法律、行政法规的规定查处，依法依规记入信用记录并予以公示。

政府招标采购的农用薄膜应当符合强制性国家标准，依法限制失信企业参与政府招标采购。

第二十四条 农用薄膜生产者、销售者、使用者未按照规定回收农用薄膜的，依照《中华人民共和国土壤污染防治法》第八十八条规定处罚。

第五章 附则

第二十五条 本办法自 2020 年 9 月 1 日起施行。

中华人民共和国土壤污染防治法

(2018年8月31日第十三届全国人民代表大会常务委员会第五次会议通过)

第一章　总　　则

第一条　为了保护和改善生态环境，防治土壤污染，保障公众健康，推动土壤资源永续利用，推进生态文明建设，促进经济社会可持续发展，制定本法。

第二条　在中华人民共和国领域及管辖的其他海域从事土壤污染防治及相关活动，适用本法。

本法所称土壤污染，是指因人为因素导致某种物质进入陆地表层土壤，引起土壤化学、物理、生物等方面特性的改变，影响土壤功能和有效利用，危害公众健康或者破坏生态环境的现象。

第三条　土壤污染防治应当坚持预防为主、保护优先、分类管理、风险管控、污染担责、公众参与的原则。

第四条　任何组织和个人都有保护土壤、防止土壤污染的义务。

土地使用权人从事土地开发利用活动，企业事业单位和其他生产经营者从事生产经营活动，应当采取有效措施，防止、减少土壤污染，对所造成的土壤污染依法承担责任。

第五条　地方各级人民政府应当对本行政区域土壤污染防治和安全利用负责。

国家实行土壤污染防治目标责任制和考核评价制度，将土壤污染防治目标完成情况作为考核评价地方各级人民政府及其负责人、县级以上人民政府负有土壤污染防治监督管理职责的部门及其负责人的内容。

第六条 各级人民政府应当加强对土壤污染防治工作的领导，组织、协调、督促有关部门依法履行土壤污染防治监督管理职责。

第七条 国务院生态环境主管部门对全国土壤污染防治工作实施统一监督管理；国务院农业农村、自然资源、住房城乡建设、林业草原等主管部门在各自职责范围内对土壤污染防治工作实施监督管理。

地方人民政府生态环境主管部门对本行政区域土壤污染防治工作实施统一监督管理；地方人民政府农业农村、自然资源、住房城乡建设、林业草原等主管部门在各自职责范围内对土壤污染防治工作实施监督管理。

第八条 国家建立土壤环境信息共享机制。

国务院生态环境主管部门应当会同国务院农业农村、自然资源、住房城乡建设、水利、卫生健康、林业草原等主管部门建立土壤环境基础数据库，构建全国土壤环境信息平台，实行数据动态更新和信息共享。

第九条 国家支持土壤污染风险管控和修复、监测等污染防治科学技术研究开发、成果转化和推广应用，鼓励土壤污染防治产业发展，加强土壤污染防治专业技术人才培养，促进土壤污染防治科学技术进步。

国家支持土壤污染防治国际交流与合作。

第十条 各级人民政府及其有关部门、基层群众性自治组织和新闻媒体应当加强土壤污染防治宣传教育和科学普及，增强公众土壤污染防治意识，引导公众依法参与土壤污染防治工作。

第二章 规划、标准、普查和监测

第十一条 县级以上人民政府应当将土壤污染防治工作纳入国民经济和社会发展规划、环境保护规划。

设区的市级以上地方人民政府生态环境主管部门应当会同发展改革、农业农村、自然资源、住房城乡建设、林业草原等主管部门，根据环境保护规划要求、土地用途、土壤污染状况普查和监测结果等，编制土壤污染防治规划，报本级人民政府批准后公布实施。

第十二条 国务院生态环境主管部门根据土壤污染状况、公众健康风险、生态风险和科学技术水平，并按照土地用途，制定国家土壤污染风险管控标准，加强土壤污染防治标准体系建设。

省级人民政府对国家土壤污染风险管控标准中未作规定的项目，可以制定地方土壤污染风险管控标准；对国家土壤污染风险管控标准中已作规定的项目，可以制定严于国家土壤污染风险管控标准的地方土壤污染风险管控标准。地方土壤污染风险管控标准应当报国务院生态环境主管部门备案。

土壤污染风险管控标准是强制性标准。

国家支持对土壤环境背景值和环境基准的研究。

第十三条 制定土壤污染风险管控标准，应当组织专家进行审查和论证，并征求有关部门、行业协会、企业事业单位和公众等方面的意见。

土壤污染风险管控标准的执行情况应当定期评估，并根据评估结果对标准适时修订。

省级以上人民政府生态环境主管部门应当在其网站上公布土壤污染风险管控标准，供公众免费查阅、下载。

第十四条 国务院统一领导全国土壤污染状况普查。国务院生态环境主管部门会同国务院农业农村、自然资源、住房城乡建设、林业草原等主管部门，每十年至少组织开展一次全国土壤污染状况普查。

国务院有关部门、设区的市级以上地方人民政府可以根据本行业、本行政区域实际情况组织开展土壤污染状况详查。

第十五条 国家实行土壤环境监测制度。

国务院生态环境主管部门制定土壤环境监测规范，会同国务院农业农村、自然资源、住房城乡建设、水利、卫生健康、林业草原等主管部门组织监测网络，统一规划国家土壤环境监测站（点）的设置。

第十六条 地方人民政府农业农村、林业草原主管部门应当会同生态环境、自然资源主管部门对下列农用地地块进行重点监测：

（一）产出的农产品污染物含量超标的；

（二）作为或者曾作为污水灌溉区的；

（三）用于或者曾用于规模化养殖，固体废物堆放、填埋的；

（四）曾作为工矿用地或者发生过重大、特大污染事故的；

（五）有毒有害物质生产、贮存、利用、处置设施周边的；

（六）国务院农业农村、林业草原、生态环境、自然资源主管部门规定的其他情形。

第十七条 地方人民政府生态环境主管部门应当会同自然资源主管部门对下列建设用地地块进行重点监测：

（一）曾用于生产、使用、贮存、回收、处置有毒有害物质的；

（二）曾用于固体废物堆放、填埋的；

（三）曾发生过重大、特大污染事故的；

（四）国务院生态环境、自然资源主管部门规定的其他情形。

第三章　预防和保护

第十八条 各类涉及土地利用的规划和可能造成土壤污染的建设项目，应当依法进行环境影响评价。环境影响评价文件应当包括对土壤可能造成的不良影响及应当采取的相应预防措施等内容。

第十九条 生产、使用、贮存、运输、回收、处置、排放有毒有害物质的单位和个人，应当采取有效措施，防止有毒有害物质渗漏、流失、扬散，避免土壤受到污染。

第二十条 国务院生态环境主管部门应当会同国务院卫生健康等主管部门，根据对公众健康、生态环境的危害和影响程度，对土壤中有毒有害物质进行筛查评估，公布重点控制的土壤有毒有害物质名录，并适时更新。

第二十一条 设区的市级以上地方人民政府生态环境主管部门应当按照国务院生态环境主管部门的规定，根据有毒有害物质排放等情况，制定本行政区域土壤污染重点监管单位名录，向社会公开并适时更新。

土壤污染重点监管单位应当履行下列义务：

（一）严格控制有毒有害物质排放，并按年度向生态环境主管部门报告排放情况；

（二）建立土壤污染隐患排查制度，保证持续有效防止有毒有害物质渗漏、流失、扬散；

（三）制定、实施自行监测方案，并将监测数据报生态环境主管部门。

前款规定的义务应当在排污许可证中载明。

土壤污染重点监管单位应当对监测数据的真实性和准确性负责。生态环境主管部门发现土壤污染重点监管单位监测数据异常，应当及时进行调查。

设区的市级以上地方人民政府生态环境主管部门应当定期对土壤污染重点监管单位周边土壤进行监测。

第二十二条 企业事业单位拆除设施、设备或者建筑物、构筑物的，应当采取相应的土壤污染防治措施。

土壤污染重点监管单位拆除设施、设备或者建筑物、构筑物的，应当制定包括应急措施在内的土壤污染防治工作方案，报地方人民政府生态环境、工业和信息化主管部门备案并实施。

第二十三条 各级人民政府生态环境、自然资源主管部门应当依法加强对矿产资源开发区域土壤污染防治的监督管理，按照相关标准和总量控制的要求，严格控制可能造成土壤污染的重点污染物排放。

尾矿库运营、管理单位应当按照规定，加强尾矿库的安全管理，采取措施防止土壤污染。危库、险库、病库以及其他需要重点监管的尾矿库的运营、管理单位应当按照规定，进行土壤污染状况监测和定期评估。

第二十四条 国家鼓励在建筑、通信、电力、交通、水利等领域的信息、网络、防雷、接地等建设工程中采用新技术、新材料，防止土壤污染。

禁止在土壤中使用重金属含量超标的降阻产品。

第二十五条 建设和运行污水集中处理设施、固体废物处置设施，应当依照法律法规和相关标准的要求，采取措施防止土壤污染。

地方人民政府生态环境主管部门应当定期对污水集中处理设施、固体废物处置设施周边土壤进行监测；对不符合法律法规和相关标准要求的，应当根据监测结果，要求污水集中处理设施、固体废物处置设施运营单位采取相应改进措施。

地方各级人民政府应当统筹规划、建设城乡生活污水和生活垃圾处理、处置设施，并保障其正常运行，防止土壤污染。

第二十六条 国务院农业农村、林业草原主管部门应当制定规划，完善相关标准和措施，加强农用地农药、化肥使用指导和使用总量控制，加强农用薄膜使用控制。

国务院农业农村主管部门应当加强农药、肥料登记，组织开展农药、肥料对土壤环境影响的安全性评价。

制定农药、兽药、肥料、饲料、农用薄膜等农业投入品及其包装物标准和农田灌溉用水水质标准，应当适应土壤污染防治的要求。

第二十七条 地方人民政府农业农村、林业草原主管部门应当开展农用地土壤污染防治宣传和技术培训活动，扶持农业生产专业化服务，指导农业生产者合理使用农药、兽药、肥料、饲料、农用薄膜等农业投入品，控制农药、兽药、化肥等的使用量。

地方人民政府农业农村主管部门应当鼓励农业生产者采取有利于防止土壤污染的种养结合、轮作休耕等农业耕作措施；支持采取土壤改良、土壤肥力提升等有利于土壤养护和培育的措施；支持畜禽粪便处理、利用设施的建设。

第二十八条 禁止向农用地排放重金属或者其他有毒有害物质含量超标的污水、污泥，以及可能造成土壤污染的清淤底泥、尾矿、矿渣等。

县级以上人民政府有关部门应当加强对畜禽粪便、沼渣、沼液等收集、贮存、利用、处置的监督管理，防止土壤污染。

农田灌溉用水应当符合相应的水质标准，防止土壤、地下水和农产品污染。地方人民政府生态环境主管部门应当会同农业农村、水利主管部门加强对农田灌溉用水水质的管理，对农田灌溉用水水质进行监测和监督检查。

第二十九条 国家鼓励和支持农业生产者采取下列措施：

（一）使用低毒、低残留农药以及先进喷施技术；

（二）使用符合标准的有机肥、高效肥；

（三）采用测土配方施肥技术、生物防治等病虫害绿色防控技术；

（四）使用生物可降解农用薄膜；

（五）综合利用秸秆、移出高富集污染物秸秆；

（六）按照规定对酸性土壤等进行改良。

第三十条 禁止生产、销售、使用国家明令禁止的农业投入品。

农业投入品生产者、销售者和使用者应当及时回收农药、肥料等农业投入品的包装废弃物和农用薄膜，并将农药包装废弃物交由专门的机构或者组织进行无害化处理。具体办法由国务院农业农村主管部门会同国务院生态环境等主管部门制定。

国家采取措施，鼓励、支持单位和个人回收农业投入品包装废弃物和农用薄膜。

第三十一条 国家加强对未污染土壤的保护。

地方各级人民政府应当重点保护未污染的耕地、林地、草地和饮用水水源地。

各级人民政府应当加强对国家公园等自然保护地的保护，维护其生态功能。

对未利用地应当予以保护，不得污染和破坏。

第三十二条 县级以上地方人民政府及其有关部门应当按照土地利用总体规划和城乡规划，严格执行相关行业企业布局选址要求，禁止在居民区和学校、医院、疗养院、养老院等单位周边新建、改建、扩建可能造成土壤污染的建设项目。

第三十三条 国家加强对土壤资源的保护和合理利用。对开发建设过程中剥离的表土，应当单独收集和存放，符合条件的应当优先用于土地复垦、土壤改良、造地和绿化等。

禁止将重金属或者其他有毒有害物质含量超标的工业固体废物、生活垃圾或者污染土壤用于土地复垦。

第三十四条 因科学研究等特殊原因，需要进口土壤的，应当遵守国家出入境检验检疫的有关规定。

第四章　风险管控和修复

第一节　一般规定

第三十五条　土壤污染风险管控和修复，包括土壤污染状况调查和土壤污染风险评估、风险管控、修复、风险管控效果评估、修复效果评估、后期管理等活动。

第三十六条　实施土壤污染状况调查活动，应当编制土壤污染状况调查报告。

土壤污染状况调查报告应当主要包括地块基本信息、污染物含量是否超过土壤污染风险管控标准等内容。污染物含量超过土壤污染风险管控标准的，土壤污染状况调查报告还应当包括污染类型、污染来源以及地下水是否受到污染等内容。

第三十七条　实施土壤污染风险评估活动，应当编制土壤污染风险评估报告。

土壤污染风险评估报告应当主要包括下列内容：

（一）主要污染物状况；

（二）土壤及地下水污染范围；

（三）农产品质量安全风险、公众健康风险或者生态风险；

（四）风险管控、修复的目标和基本要求等。

第三十八条　实施风险管控、修复活动，应当因地制宜、科学合理，提高针对性和有效性。

实施风险管控、修复活动，不得对土壤和周边环境造成新的污染。

第三十九条　实施风险管控、修复活动前，地方人民政府有关部门有权根据实际情况，要求土壤污染责任人、土地使用权人采取移除污染源、防止污染扩散等措施。

第四十条　实施风险管控、修复活动中产生的废水、废气和固体废物，应当按照规定进行处理、处置，并达到相关环境保护标准。

实施风险管控、修复活动中产生的固体废物以及拆除的设施、设备或者建筑物、构筑物属于危险废物的，应当依照法律法规和相关标准的要求进行处置。

修复施工期间，应当设立公告牌，公开相关情况和环境保护措施。

第四十一条　修复施工单位转运污染土壤的，应当制定转运计划，将运输时间、方式、线路和污染土壤数量、去向、最终处置措施等，提前报所在地和接收地生态环境主管部门。

转运的污染土壤属于危险废物的，修复施工单位应当依照法律法规和相关标准的要求进行处置。

第四十二条　实施风险管控效果评估、修复效果评估活动，应当编制效果评估报告。

效果评估报告应当主要包括是否达到土壤污染风险评估报告确定的风险管控、修复目标等内容。

风险管控、修复活动完成后，需要实施后期管理的，土壤污染责任人应当按照要求实施后期管理。

第四十三条　从事土壤污染状况调查和土壤污染风险评估、风险管控、修复、风险管控效果评估、修复效果评估、后期管理等活动的单位，应当具备相应的专业能力。

受委托从事前款活动的单位对其出具的调查报告、风险评估报告、风险管控效果评估报告、修复效果评估报告的真实性、准确性、完整性负责，并按照约定对风险管控、修复、后期管理等活动结果负责。

第四十四条　发生突发事件可能造成土壤污染的，地方人民政府及其有关部门和相关企业事业单位以及其他生产经营者应当立即采取应急措施，防止土壤污染，并依照本法规定做好土壤污染状况监测、调查和土壤污染风险评估、风险管控、修复等工作。

第四十五条 土壤污染责任人负有实施土壤污染风险管控和修复的义务。土壤污染责任人无法认定的，土地使用权人应当实施土壤污染风险管控和修复。

地方人民政府及其有关部门可以根据实际情况组织实施土壤污染风险管控和修复。

国家鼓励和支持有关当事人自愿实施土壤污染风险管控和修复。

第四十六条 因实施或者组织实施土壤污染状况调查和土壤污染风险评估、风险管控、修复、风险管控效果评估、修复效果评估、后期管理等活动所支出的费用，由土壤污染责任人承担。

第四十七条 土壤污染责任人变更的，由变更后承继其债权、债务的单位或者个人履行相关土壤污染风险管控和修复义务并承担相关费用。

第四十八条 土壤污染责任人不明确或者存在争议的，农用地由地方人民政府农业农村、林业草原主管部门会同生态环境、自然资源主管部门认定，建设用地由地方人民政府生态环境主管部门会同自然资源主管部门认定。认定办法由国务院生态环境主管部门会同有关部门制定。

第二节 农 用 地

第四十九条 国家建立农用地分类管理制度。按照土壤污染程度和相关标准，将农用地划分为优先保护类、安全利用类和严格管控类。

第五十条 县级以上地方人民政府应当依法将符合条件的优先保护类耕地划为永久基本农田，实行严格保护。

在永久基本农田集中区域，不得新建可能造成土壤污染的建设项目；已经建成的，应当限期关闭拆除。

第五十一条 未利用地、复垦土地等拟开垦为耕地的，地方人民政府农业农村主管部门应当会同生态环境、自然资源主管部门进行土壤污染状况调查，依法进行分类管理。

第五十二条 对土壤污染状况普查、详查和监测、现场检查表明有土壤污染风险的农用地地块，地方人民政府农业农村、林业草原主管部门应当会同生态环境、自然资源主管部门进行土壤污染状况调查。

对土壤污染状况调查表明污染物含量超过土壤污染风险管控标准的农用地地块，地方人民政府农业农村、林业草原主管部门应当会同生态环境、自然资源主管部门组织进行土壤污染风险评估，并按照农用地分类管理制度管理。

第五十三条 对安全利用类农用地地块，地方人民政府农业农村、林业草原主管部门，应当结合主要作物品种和种植习惯等情况，制定并实施安全利用方案。

安全利用方案应当包括下列内容：

（一）农艺调控、替代种植；

（二）定期开展土壤和农产品协同监测与评价；

（三）对农民、农民专业合作社及其他农业生产经营主体进行技术指导和培训；

（四）其他风险管控措施。

第五十四条 对严格管控类农用地地块，地方人民政府农业农村、林业草原主管部门应当采取下列风险管控措施：

（一）提出划定特定农产品禁止生产区域的建议，报本级人民政府批准后实施；

（二）按照规定开展土壤和农产品协同监测与评价；

（三）对农民、农民专业合作社及其他农业生产经营主体进行技术指导和培训；

（四）其他风险管控措施。

各级人民政府及其有关部门应当鼓励对严格管控类农用地采取调整种植结构、退耕还林还草、退耕还湿、轮作休耕、轮牧休牧等风险管控措施，并给予相应的政策支持。

第五十五条 安全利用类和严格管控类农用地地块的土壤污染影响或者可能影响地下水、饮用水水源安全的，地方人民政府生态环境主管部门应当会同农业农村、林业草原等主管部门制定防治污染的方案，并采取相应的措施。

第五十六条 对安全利用类和严格管控类农用地地块，土壤污染责任人应当按照国家有关规定以及土壤污染风险评估报告的要求，采取相应的风险管控措施，并定期向地方人民政府农业农村、林业草原主管部门报告。

第五十七条 对产出的农产品污染物含量超标，需要实施修复的农用地地块，土壤污染责任人应当编制修复方案，报地方人民政府农业农村、林业草原主管部门备案并实施。修复方案应当包括地下水污染防治的内容。

修复活动应当优先采取不影响农业生产、不降低土壤生产功能的生物修复措施，阻断或者减少污染物进入农作物食用部分，确保农产品质量安全。

风险管控、修复活动完成后，土壤污染责任人应当另行委托有关单位对风险管控效果、修复效果进行评估，并将效果评估报告报地方人民政府农业农村、林业草原主管部门备案。

农村集体经济组织及其成员、农民专业合作社及其他农业生产经营主体等负有协助实施土壤污染风险管控和修复的义务。

第三节 建 设 用 地

第五十八条 国家实行建设用地土壤污染风险管控和修复名录制度。

建设用地土壤污染风险管控和修复名录由省级人民政府生态

环境主管部门会同自然资源等主管部门制定，按照规定向社会公开，并根据风险管控、修复情况适时更新。

第五十九条 对土壤污染状况普查、详查和监测、现场检查表明有土壤污染风险的建设用地地块，地方人民政府生态环境主管部门应当要求土地使用权人按照规定进行土壤污染状况调查。

用途变更为住宅、公共管理与公共服务用地的，变更前应当按照规定进行土壤污染状况调查。

前两款规定的土壤污染状况调查报告应当报地方人民政府生态环境主管部门，由地方人民政府生态环境主管部门会同自然资源主管部门组织评审。

第六十条 对土壤污染状况调查报告评审表明污染物含量超过土壤污染风险管控标准的建设用地地块，土壤污染责任人、土地使用权人应当按照国务院生态环境主管部门的规定进行土壤污染风险评估，并将土壤污染风险评估报告报省级人民政府生态环境主管部门。

第六十一条 省级人民政府生态环境主管部门应当会同自然资源等主管部门按照国务院生态环境主管部门的规定，对土壤污染风险评估报告组织评审，及时将需要实施风险管控、修复的地块纳入建设用地土壤污染风险管控和修复名录，并定期向国务院生态环境主管部门报告。

列入建设用地土壤污染风险管控和修复名录的地块，不得作为住宅、公共管理与公共服务用地。

第六十二条 对建设用地土壤污染风险管控和修复名录中的地块，土壤污染责任人应当按照国家有关规定以及土壤污染风险评估报告的要求，采取相应的风险管控措施，并定期向地方人民政府生态环境主管部门报告。风险管控措施应当包括地下水污染防治的内容。

第六十三条 对建设用地土壤污染风险管控和修复名录中的

地块，地方人民政府生态环境主管部门可以根据实际情况采取下列风险管控措施：

（一）提出划定隔离区域的建议，报本级人民政府批准后实施；

（二）进行土壤及地下水污染状况监测；

（三）其他风险管控措施。

第六十四条 对建设用地土壤污染风险管控和修复名录中需要实施修复的地块，土壤污染责任人应当结合土地利用总体规划和城乡规划编制修复方案，报地方人民政府生态环境主管部门备案并实施。修复方案应当包括地下水污染防治的内容。

第六十五条 风险管控、修复活动完成后，土壤污染责任人应当另行委托有关单位对风险管控效果、修复效果进行评估，并将效果评估报告报地方人民政府生态环境主管部门备案。

第六十六条 对达到土壤污染风险评估报告确定的风险管控、修复目标的建设用地地块，土壤污染责任人、土地使用权人可以申请省级人民政府生态环境主管部门移出建设用地土壤污染风险管控和修复名录。

省级人民政府生态环境主管部门应当会同自然资源等主管部门对风险管控效果评估报告、修复效果评估报告组织评审，及时将达到土壤污染风险评估报告确定的风险管控、修复目标且可以安全利用的地块移出建设用地土壤污染风险管控和修复名录，按照规定向社会公开，并定期向国务院生态环境主管部门报告。

未达到土壤污染风险评估报告确定的风险管控、修复目标的建设用地地块，禁止开工建设任何与风险管控、修复无关的项目。

第六十七条 土壤污染重点监管单位生产经营用地的用途变更或者在其土地使用权收回、转让前，应当由土地使用权人按照规定进行土壤污染状况调查。土壤污染状况调查报告应当作为不动产登记资料送交地方人民政府不动产登记机构，并报地方人民政府生态环境主管部门备案。

第六十八条 土地使用权已经被地方人民政府收回，土壤污染责任人为原土地使用权人的，由地方人民政府组织实施土壤污染风险管控和修复。

第五章 保障和监督

第六十九条 国家采取有利于土壤污染防治的财政、税收、价格、金融等经济政策和措施。

第七十条 各级人民政府应当加强对土壤污染的防治，安排必要的资金用于下列事项：

（一）土壤污染防治的科学技术研究开发、示范工程和项目；

（二）各级人民政府及其有关部门组织实施的土壤污染状况普查、监测、调查和土壤污染责任人认定、风险评估、风险管控、修复等活动；

（三）各级人民政府及其有关部门对涉及土壤污染的突发事件的应急处置；

（四）各级人民政府规定的涉及土壤污染防治的其他事项。

使用资金应当加强绩效管理和审计监督，确保资金使用效益。

第七十一条 国家加大土壤污染防治资金投入力度，建立土壤污染防治基金制度。设立中央土壤污染防治专项资金和省级土壤污染防治基金，主要用于农用地土壤污染防治和土壤污染责任人或者土地使用权人无法认定的土壤污染风险管控和修复以及政府规定的其他事项。

对本法实施之前产生的，并且土壤污染责任人无法认定的污染地块，土地使用权人实际承担土壤污染风险管控和修复的，可以申请土壤污染防治基金，集中用于土壤污染风险管控和修复。

土壤污染防治基金的具体管理办法，由国务院财政主管部门会同国务院生态环境、农业农村、自然资源、住房城乡建设、林业草原等主管部门制定。

第七十二条 国家鼓励金融机构加大对土壤污染风险管控和修复项目的信贷投放。

国家鼓励金融机构在办理土地权利抵押业务时开展土壤污染状况调查。

第七十三条 从事土壤污染风险管控和修复的单位依照法律、行政法规的规定，享受税收优惠。

第七十四条 国家鼓励并提倡社会各界为防治土壤污染捐赠财产，并依照法律、行政法规的规定，给予税收优惠。

第七十五条 县级以上人民政府应当将土壤污染防治情况纳入环境状况和环境保护目标完成情况年度报告，向本级人民代表大会或者人民代表大会常务委员会报告。

第七十六条 省级以上人民政府生态环境主管部门应当会同有关部门对土壤污染问题突出、防治工作不力、群众反映强烈的地区，约谈设区的市级以上地方人民政府及其有关部门主要负责人，要求其采取措施及时整改。约谈整改情况应当向社会公开。

第七十七条 生态环境主管部门及其环境执法机构和其他负有土壤污染防治监督管理职责的部门，有权对从事可能造成土壤污染活动的企业事业单位和其他生产经营者进行现场检查、取样，要求被检查者提供有关资料、就有关问题作出说明。

被检查者应当配合检查工作，如实反映情况，提供必要的资料。

实施现场检查的部门、机构及其工作人员应当为被检查者保守商业秘密。

第七十八条 企业事业单位和其他生产经营者违反法律法规规定排放有毒有害物质，造成或者可能造成严重土壤污染的，或者有关证据可能灭失或者被隐匿的，生态环境主管部门和其他负有土壤污染防治监督管理职责的部门，可以查封、扣押有关设施、设备、物品。

第七十九条 地方人民政府安全生产监督管理部门应当监督尾矿库运营、管理单位履行防治土壤污染的法定义务，防止其发生可能污染土壤的事故；地方人民政府生态环境主管部门应当加强对尾矿库土壤污染防治情况的监督检查和定期评估，发现风险隐患的，及时督促尾矿库运营、管理单位采取相应措施。

地方人民政府及其有关部门应当依法加强对向沙漠、滩涂、盐碱地、沼泽地等未利用地非法排放有毒有害物质等行为的监督检查。

第八十条 省级以上人民政府生态环境主管部门和其他负有土壤污染防治监督管理职责的部门应当将从事土壤污染状况调查和土壤污染风险评估、风险管控、修复、风险管控效果评估、修复效果评估、后期管理等活动的单位和个人的执业情况，纳入信用系统建立信用记录，将违法信息记入社会诚信档案，并纳入全国信用信息共享平台和国家企业信用信息公示系统向社会公布。

第八十一条 生态环境主管部门和其他负有土壤污染防治监督管理职责的部门应当依法公开土壤污染状况和防治信息。

国务院生态环境主管部门负责统一发布全国土壤环境信息；省级人民政府生态环境主管部门负责统一发布本行政区域土壤环境信息。生态环境主管部门应当将涉及主要食用农产品生产区域的重大土壤环境信息，及时通报同级农业农村、卫生健康和食品安全主管部门。

公民、法人和其他组织享有依法获取土壤污染状况和防治信息、参与和监督土壤污染防治的权利。

第八十二条 土壤污染状况普查报告、监测数据、调查报告和土壤污染风险评估报告、风险管控效果评估报告、修复效果评估报告等，应当及时上传全国土壤环境信息平台。

第八十三条 新闻媒体对违反土壤污染防治法律法规的行为享有舆论监督的权利，受监督的单位和个人不得打击报复。

第八十四条 任何组织和个人对污染土壤的行为，均有向生态环境主管部门和其他负有土壤污染防治监督管理职责的部门报告或者举报的权利。

生态环境主管部门和其他负有土壤污染防治监督管理职责的部门应当将土壤污染防治举报方式向社会公布，方便公众举报。

接到举报的部门应当及时处理并对举报人的相关信息予以保密；对实名举报并查证属实的，给予奖励。

举报人举报所在单位的，该单位不得以解除、变更劳动合同或者其他方式对举报人进行打击报复。

第六章 法律责任

第八十五条 地方各级人民政府、生态环境主管部门或者其他负有土壤污染防治监督管理职责的部门未依照本法规定履行职责的，对直接负责的主管人员和其他直接责任人员依法给予处分。

依照本法规定应当作出行政处罚决定而未作出的，上级主管部门可以直接作出行政处罚决定。

第八十六条 违反本法规定，有下列行为之一的，由地方人民政府生态环境主管部门或者其他负有土壤污染防治监督管理职责的部门责令改正，处以罚款；拒不改正的，责令停产整治：

（一）土壤污染重点监管单位未制定、实施自行监测方案，或者未将监测数据报生态环境主管部门的；

（二）土壤污染重点监管单位篡改、伪造监测数据的；

（三）土壤污染重点监管单位未按年度报告有毒有害物质排放情况，或者未建立土壤污染隐患排查制度的；

（四）拆除设施、设备或者建筑物、构筑物，企业事业单位未采取相应的土壤污染防治措施或者土壤污染重点监管单位未制定、实施土壤污染防治工作方案的；

（五）尾矿库运营、管理单位未按照规定采取措施防止土壤污染的；

（六）尾矿库运营、管理单位未按照规定进行土壤污染状况监测的；

（七）建设和运行污水集中处理设施、固体废物处置设施，未依照法律法规和相关标准的要求采取措施防止土壤污染的。

有前款规定行为之一的，处二万元以上二十万元以下的罚款；有前款第二项、第四项、第五项、第七项规定行为之一，造成严重后果的，处二十万元以上二百万元以下的罚款。

第八十七条 违反本法规定，向农用地排放重金属或者其他有毒有害物质含量超标的污水、污泥，以及可能造成土壤污染的清淤底泥、尾矿、矿渣等的，由地方人民政府生态环境主管部门责令改正，处十万元以上五十万元以下的罚款；情节严重的，处五十万元以上二百万元以下的罚款，并可以将案件移送公安机关，对直接负责的主管人员和其他直接责任人员处五日以上十五日以下的拘留；有违法所得的，没收违法所得。

第八十八条 违反本法规定，农业投入品生产者、销售者、使用者未按照规定及时回收肥料等农业投入品的包装废弃物或者农用薄膜，或者未按照规定及时回收农药包装废弃物交由专门的机构或者组织进行无害化处理的，由地方人民政府农业农村主管部门责令改正，处一万元以上十万元以下的罚款；农业投入品使用者为个人的，可以处二百元以上二千元以下的罚款。

第八十九条 违反本法规定，将重金属或者其他有毒有害物质含量超标的工业固体废物、生活垃圾或者污染土壤用于土地复垦的，由地方人民政府生态环境主管部门责令改正，处十万元以上一百万元以下的罚款；有违法所得的，没收违法所得。

第九十条 违反本法规定，受委托从事土壤污染状况调查和土壤污染风险评估、风险管控效果评估、修复效果评估活动的单位，出具虚假调查报告、风险评估报告、风险管控效果评估报告、修复效果评估报告的，由地方人民政府生态环境主管部门处十万元以上五十万元以下的罚款；情节严重的，禁止从事上述业务，并处五十万元以上一百万元以下的罚款；有违法所得的，没收违法所得。

前款规定的单位出具虚假报告的，由地方人民政府生态环境主管部门对直接负责的主管人员和其他直接责任人员处一万元以上五万元以下的罚款；情节严重的，十年内禁止从事前款规定的业务；构成犯罪的，终身禁止从事前款规定的业务。

本条第一款规定的单位和委托人恶意串通，出具虚假报告，造成他人人身或者财产损害的，还应当与委托人承担连带责任。

第九十一条 违反本法规定，有下列行为之一的，由地方人民政府生态环境主管部门责令改正，处十万元以上五十万元以下的罚款；情节严重的，处五十万元以上一百万元以下的罚款；有违法所得的，没收违法所得；对直接负责的主管人员和其他直接责任人员处五千元以上二万元以下的罚款：

（一）未单独收集、存放开发建设过程中剥离的表土的；

（二）实施风险管控、修复活动对土壤、周边环境造成新的污染的；

（三）转运污染土壤，未将运输时间、方式、线路和污染土壤数量、去向、最终处置措施等提前报所在地和接收地生态环境主管部门的；

（四）未达到土壤污染风险评估报告确定的风险管控、修复目标的建设用地地块，开工建设与风险管控、修复无关的项目的。

第九十二条 违反本法规定，土壤污染责任人或者土地使用权人未按照规定实施后期管理的，由地方人民政府生态环境主管部门或者其他负有土壤污染防治监督管理职责的部门责令改正，处一万元以上五万元以下的罚款；情节严重的，处五万元以上五十万元以下的罚款。

第九十三条 违反本法规定，被检查者拒不配合检查，或者在接受检查时弄虚作假的，由地方人民政府生态环境主管部门或者其他负有土壤污染防治监督管理职责的部门责令改正，处二万元以上二十万元以下的罚款；对直接负责的主管人员和其他直接责任人员处五千元以上二万元以下的罚款。

第九十四条 违反本法规定，土壤污染责任人或者土地使用权人有下列行为之一的，由地方人民政府生态环境主管部门或者其他负有土壤污染防治监督管理职责的部门责令改正，处二万元以上二十万元以下的罚款；拒不改正的，处二十万元以上一百万元以下的罚款，并委托他人代为履行，所需费用由土壤污染责任人或者土地使用权人承担；对直接负责的主管人员和其他直接责任人员处五千元以上二万元以下的罚款：

（一）未按照规定进行土壤污染状况调查的；

（二）未按照规定进行土壤污染风险评估的；

（三）未按照规定采取风险管控措施的；

（四）未按照规定实施修复的；

（五）风险管控、修复活动完成后，未另行委托有关单位对风险管控效果、修复效果进行评估的。

土壤污染责任人或者土地使用权人有前款第三项、第四项规定行为之一，情节严重的，地方人民政府生态环境主管部门或者其他负有土壤污染防治监督管理职责的部门可以将案件移送公安机关，对直接负责的主管人员和其他直接责任人员处五日以上十五日以下的拘留。

第九十五条 违反本法规定，有下列行为之一的，由地方人民政府有关部门责令改正；拒不改正的，处一万元以上五万元以下的罚款：

（一）土壤污染重点监管单位未按照规定将土壤污染防治工作方案报地方人民政府生态环境、工业和信息化主管部门备案的；

（二）土壤污染责任人或者土地使用权人未按照规定将修复方案、效果评估报告报地方人民政府生态环境、农业农村、林业草原主管部门备案的；

（三）土地使用权人未按照规定将土壤污染状况调查报告报地方人民政府生态环境主管部门备案的。

第九十六条 污染土壤造成他人人身或者财产损害的，应当依法承担侵权责任。

土壤污染责任人无法认定，土地使用权人未依照本法规定履行土壤污染风险管控和修复义务，造成他人人身或者财产损害的，应当依法承担侵权责任。

土壤污染引起的民事纠纷，当事人可以向地方人民政府生态环境等主管部门申请调解处理，也可以向人民法院提起诉讼。

第九十七条 污染土壤损害国家利益、社会公共利益的，有关机关和组织可以依照《中华人民共和国环境保护法》《中华人民共和国民事诉讼法》《中华人民共和国行政诉讼法》等法律的规定向人民法院提起诉讼。

第九十八条 违反本法规定，构成违反治安管理行为的，由公安机关依法给予治安管理处罚；构成犯罪的，依法追究刑事责任。

第七章 附 则

第九十九条 本法自2019年1月1日起施行。

中华人民共和国清洁生产促进法

第一章　总　　则

第一条　为了促进清洁生产，提高资源利用效率，减少和避免污染物的产生，保护和改善环境，保障人体健康，促进经济与社会可持续发展，制定本法。

第二条　本法所称清洁生产，是指不断采取改进设计、使用清洁的能源和原料、采用先进的工艺技术与设备、改善管理、综合利用等措施，从源头削减污染，提高资源利用效率，减少或者避免生产、服务和产品使用过程中污染物的产生和排放，以减轻或者消除对人类健康和环境的危害。

第三条　在中华人民共和国领域内，从事生产和服务活动的单位以及从事相关管理活动的部门依照本法规定，组织、实施清洁生产。

第四条　国家鼓励和促进清洁生产。国务院和县级以上地方人民政府，应当将清洁生产纳入国民经济和社会发展计划以及环境保护、资源利用、产业发展、区域开发等规划。

第五条　国务院经济贸易行政主管部门负责组织、协调全国的清洁生产促进工作。国务院环境保护、计划、科学技术、农业、建设、水利和质量技术监督等行政主管部门，按照各自的职责，负责有关的清洁生产促进工作。

县级以上地方人民政府负责领导本行政区域内的清洁生产促进工作。县级以上地方人民政府经济贸易行政主管部门负责组织、协调本行政区域内的清洁生产促进工作。县级以上地方人民政府环境保护、计划、科学技术、农业、建设、水利和质量技术监督等行政主管部门，按照各自的职责，负责有关的清洁生产促进工作。

第六条 国家鼓励开展有关清洁生产的科学研究、技术开发和国际合作，组织宣传、普及清洁生产知识，推广清洁生产技术。

国家鼓励社会团体和公众参与清洁生产的宣传、教育、推广、实施及监督。

第二章 清洁生产的推行

第七条 国务院应当制定有利于实施清洁生产的财政税收政策。

国务院及其有关行政主管部门和省、自治区、直辖市人民政府，应当制定有利于实施清洁生产的产业政策、技术开发和推广政策。

第八条 县级以上人民政府经济贸易行政主管部门，应当会同环境保护、计划、科学技术、农业、建设、水利等有关行政主管部门制定清洁生产的推行规划。

第九条 县级以上地方人民政府应当合理规划本行政区域的经济布局，调整产业结构，发展循环经济，促进企业在资源和废物综合利用等领域进行合作，实现资源的高效利用和循环使用。

第十条 国务院和省、自治区、直辖市人民政府的经济贸易、环境保护、计划、科学技术、农业等有关行政主管部门，应当组织和支持建立清洁生产信息系统和技术咨询服务体系，向社会提供有关清洁生产方法和技术、可再生利用的废物供求以及清洁生产政策等方面的信息和服务。

第十一条 国务院经济贸易行政主管部门会同国务院有关行政主管部门定期发布清洁生产技术、工艺、设备和产品导向目录。

国务院和省、自治区、直辖市人民政府的经济贸易行政主管部门和环境保护、农业、建设等有关行政主管部门组织编制有关行业或者地区的清洁生产指南和技术手册，指导实施清洁生产。

第十二条 国家对浪费资源和严重污染环境的落后生产技术、工艺、设备和产品实行限期淘汰制度。国务院经济贸易行政主管部门会同国务院有关行政主管部门制定并发布限期淘汰的生产技术、工艺、设备以及产品的名录。

第十三条 国务院有关行政主管部门可以根据需要批准设立节能、节水、废物再生利用等环境与资源保护方面的产品标志，并按照国家规定制定相应标准。

第十四条 县级以上人民政府科学技术行政主管部门和其他有关行政主管部门，应当指导和支持清洁生产技术和有利于环境与资源保护的产品的研究、开发以及清洁生产技术的示范和推广工作。

第十五条 国务院教育行政主管部门，应当将清洁生产技术和管理课程纳入有关高等教育、职业教育和技术培训体系。

县级以上人民政府有关行政主管部门组织开展清洁生产的宣传和培训，提高国家工作人员、企业经营管理者和公众的清洁生产意识，培养清洁生产管理和技术人员。

新闻出版、广播影视、文化等单位和有关社会团体，应当发挥各自优势做好清洁生产宣传工作。

第十六条 各级人民政府应当优先采购节能、节水、废物再生利用等有利于环境与资源保护的产品。

各级人民政府应当通过宣传、教育等措施，鼓励公众购买和使用节能、节水、废物再生利用等有利于环境与资源保护的产品。

第十七条 省、自治区、直辖市人民政府环境保护行政主管部门，应当加强对清洁生产实施的监督；可以按照促进清洁生产的需要，根据企业污染物的排放情况，在当地主要媒体上定期公布污染物超标排放或者污染物排放总量超过规定限额的污染严重企业的名单，为公众监督企业实施清洁生产提供依据。

第三章　清洁生产的实施

第十八条　新建、改建和扩建项目应当进行环境影响评价，对原料使用、资源消耗、资源综合利用以及污染物产生与处置等进行分析论证，优先采用资源利用率高以及污染物产生量少的清洁生产技术、工艺和设备。

第十九条　企业在进行技术改造过程中，应当采取以下清洁生产措施：

（一）采用无毒、无害或者低毒、低害的原料，替代毒性大、危害严重的原料；

（二）采用资源利用率高、污染物产生量少的工艺和设备，替代资源利用率低、污染物产生量多的工艺和设备；

（三）对生产过程中产生的废物、废水和余热等进行综合利用或者循环使用；

（四）采用能够达到国家或者地方规定的污染物排放标准和污染物排放总量控制指标的污染防治技术。

第二十条　产品和包装物的设计，应当考虑其在生命周期中对人类健康和环境的影响，优先选择无毒、无害、易于降解或者便于回收利用的方案。

企业应当对产品进行合理包装，减少包装材料的过度使用和包装性废物的产生。

第二十一条　生产大型机电设备、机动运输工具以及国务院经济贸易行政主管部门指定的其他产品的企业，应当按照国务院标准化行政主管部门或者其授权机构制定的技术规范，在产品的主体构件上注明材料成分的标准牌号。

第二十二条　农业生产者应当科学地使用化肥、农药、农用薄膜和饲料添加剂，改进种植和养殖技术，实现农产品的优质、无害和农业生产废物的资源化，防止农业环境污染。

禁止将有毒、有害废物用作肥料或者用于造田。

第二十三条 餐饮、娱乐、宾馆等服务性企业，应当采用节能、节水和其他有利于环境保护的技术和设备，减少使用或者不使用浪费资源、污染环境的消费品。

第二十四条 建筑工程应当采用节能、节水等有利于环境与资源保护的建筑设计方案、建筑和装修材料、建筑构配件及设备。

建筑和装修材料必须符合国家标准。禁止生产、销售和使用有毒、有害物质超过国家标准的建筑和装修材料。

第二十五条 矿产资源的勘查、开采，应当采用有利于合理利用资源、保护环境和防止污染的勘查、开采方法和工艺技术，提高资源利用水平。

第二十六条 企业应当在经济技术可行的条件下对生产和服务过程中产生的废物、余热等自行回收利用或者转让给有条件的其他企业和个人利用。

第二十七条 生产、销售被列入强制回收目录的产品和包装物的企业，必须在产品报废和包装物使用后对该产品和包装物进行回收。强制回收的产品和包装物的目录和具体回收办法，由国务院经济贸易行政主管部门制定。

国家对列入强制回收目录的产品和包装物，实行有利于回收利用的经济措施；县级以上地方人民政府经济贸易行政主管部门应当定期检查强制回收产品和包装物的实施情况，并及时向社会公布检查结果。具体办法由国务院经济贸易行政主管部门制定。

第二十八条 企业应当对生产和服务过程中的资源消耗以及废物的产生情况进行监测，并根据需要对生产和服务实施清洁生产审核。

污染物排放超过国家和地方规定的排放标准或者超过经有关地方人民政府核定的污染物排放总量控制指标的企业，应当实施清洁生产审核。

使用有毒、有害原料进行生产或者在生产中排放有毒、有害物质的企业，应当定期实施清洁生产审核，并将审核结果报告所在地的县级以上地方人民政府环境保护行政主管部门和经济贸易行政主管部门。

清洁生产审核办法，由国务院经济贸易行政主管部门会同国务院环境保护行政主管部门制定。

第二十九条 企业在污染物排放达到国家和地方规定的排放标准的基础上，可以自愿与有管辖权的经济贸易行政主管部门和环境保护行政主管部门签订进一步节约资源、削减污染物排放量的协议。该经济贸易行政主管部门和环境保护行政主管部门应当在当地主要媒体上公布该企业的名称以及节约资源、防治污染的成果。

第三十条 企业可以根据自愿原则，按照国家有关环境管理体系认证的规定，向国家认证认可监督管理部门授权的认证机构提出认证申请，通过环境管理体系认证，提高清洁生产水平。

第三十一条 根据本法第十七条规定，列入污染严重企业名单的企业，应当按照国务院环境保护行政主管部门的规定公布主要污染物的排放情况，接受公众监督。

第四章 鼓励措施

第三十二条 国家建立清洁生产表彰奖励制度。对在清洁生产工作中做出显著成绩的单位和个人，由人民政府给予表彰和奖励。

第三十三条 对从事清洁生产研究、示范和培训，实施国家清洁生产重点技术改造项目和本法第二十九条规定的自愿削减污染物排放协议中载明的技术改造项目，列入国务院和县级以上地方人民政府同级财政安排的有关技术进步专项资金的扶持范围。

第三十四条 在依照国家规定设立的中小企业发展基金中，应当根据需要安排适当数额用于支持中小企业实施清洁生产。

第三十五条 对利用废物生产产品的和从废物中回收原料的，税务机关按照国家有关规定，减征或者免征增值税。

第三十六条 企业用于清洁生产审核和培训的费用，可以列入企业经营成本。

第五章 法律责任

第三十七条 违反本法第二十一条规定，未标注产品材料的成分或者不如实标注的，由县级以上地方人民政府质量技术监督行政主管部门责令限期改正；拒不改正的，处以五万元以下的罚款。

第三十八条 违反本法第二十四条第二款规定，生产、销售有毒、有害物质超过国家标准的建筑和装修材料的，依照产品质量法和有关民事、刑事法律的规定，追究行政、民事、刑事法律责任。

第三十九条 违反本法第二十七条第一款规定，不履行产品或者包装物回收义务的，由县级以上地方人民政府经济贸易行政主管部门责令限期改正；拒不改正的，处以十万元以下的罚款。

第四十条 违反本法第二十八条第三款规定，不实施清洁生产审核或者虽经审核但不如实报告审核结果的，由县级以上地方人民政府环境保护行政主管部门责令限期改正；拒不改正的，处以十万元以下的罚款。

第四十一条 违反本法第三十一条规定，不公布或者未按规定要求公布污染物排放情况的，由县级以上地方人民政府环境保护行政主管部门公布，可以并处十万元以下的罚款。

第六章　附　　则

第四十二条　本法自 2003 年 1 月 1 日起施行。

中华人民共和国循环经济促进法

（中华人民共和国主席令　第四号）

第一章　总　则

第一条　为了促进循环经济发展，提高资源利用效率，保护和改善环境，实现可持续发展，制定本法。

第二条　本法所称循环经济，是指在生产、流通和消费等过程中进行的减量化、再利用、资源化活动的总称。

本法所称减量化，是指在生产、流通和消费等过程中减少资源消耗和废物产生。

本法所称再利用，是指将废物直接作为产品或者经修复、翻新、再制造后继续作为产品使用，或者将废物的全部或者部分作为其他产品的部件予以使用。

本法所称资源化，是指将废物直接作为原料进行利用或者对废物进行再生利用。

第三条　发展循环经济是国家经济社会发展的一项重大战略，应当遵循统筹规划、合理布局，因地制宜、注重实效，政府推动、市场引导，企业实施、公众参与的方针。

第四条　发展循环经济应当在技术可行、经济合理和有利于节约资源、保护环境的前提下，按照减量化优先的原则实施。

在废物再利用和资源化过程中，应当保障生产安全，保证产品质量符合国家规定的标准，并防止产生再次污染。

第五条　国务院循环经济发展综合管理部门负责组织协调、监督管理全国循环经济发展工作；国务院生态环境等有关主管部门按照各自的职责负责有关循环经济的监督管理工作。

县级以上地方人民政府循环经济发展综合管理部门负责组织协调、监督管理本行政区域的循环经济发展工作；县级以上地方人民政府生态环境等有关主管部门按照各自的职责负责有关循环经济的监督管理工作。

第六条 国家制定产业政策，应当符合发展循环经济的要求。

县级以上人民政府编制国民经济和社会发展规划及年度计划，县级以上人民政府有关部门编制环境保护、科学技术等规划，应当包括发展循环经济的内容。

第七条 国家鼓励和支持开展循环经济科学技术的研究、开发和推广，鼓励开展循环经济宣传、教育、科学知识普及和国际合作。

第八条 县级以上人民政府应当建立发展循环经济的目标责任制，采取规划、财政、投资、政府采购等措施，促进循环经济发展。

第九条 企业事业单位应当建立健全管理制度，采取措施，降低资源消耗，减少废物的产生量和排放量，提高废物的再利用和资源化水平。

第十条 公民应当增强节约资源和保护环境意识，合理消费，节约资源。

国家鼓励和引导公民使用节能、节水、节材和有利于保护环境的产品及再生产品，减少废物的产生量和排放量。

公民有权举报浪费资源、破坏环境的行为，有权了解政府发展循环经济的信息并提出意见和建议。

第十一条 国家鼓励和支持行业协会在循环经济发展中发挥技术指导和服务作用。县级以上人民政府可以委托有条件的行业协会等社会组织开展促进循环经济发展的公共服务。

国家鼓励和支持中介机构、学会和其他社会组织开展循环经济宣传、技术推广和咨询服务，促进循环经济发展。

第二章　基本管理制度

第十二条　国务院循环经济发展综合管理部门会同国务院生态环境等有关主管部门编制全国循环经济发展规划，报国务院批准后公布施行。设区的市级以上地方人民政府循环经济发展综合管理部门会同本级人民政府环境保护等有关主管部门编制本行政区域循环经济发展规划，报本级人民政府批准后公布施行。

循环经济发展规划应当包括规划目标、适用范围、主要内容、重点任务和保障措施等，并规定资源产出率、废物再利用和资源化率等指标。

第十三条　县级以上地方人民政府应当依据上级人民政府下达的本行政区域主要污染物排放、建设用地和用水总量控制指标，规划和调整本行政区域的产业结构，促进循环经济发展。

新建、改建、扩建建设项目，必须符合本行政区域主要污染物排放、建设用地和用水总量控制指标的要求。

第十四条　国务院循环经济发展综合管理部门会同国务院统计、生态环境等有关主管部门建立和完善循环经济评价指标体系。

上级人民政府根据前款规定的循环经济主要评价指标，对下级人民政府发展循环经济的状况定期进行考核，并将主要评价指标完成情况作为对地方人民政府及其负责人考核评价的内容。

第十五条　生产列入强制回收名录的产品或者包装物的企业，必须对废弃的产品或者包装物负责回收；对其中可以利用的，由各该生产企业负责利用；对因不具备技术经济条件而不适合利用的，由各该生产企业负责无害化处置。

对前款规定的废弃产品或者包装物，生产者委托销售者或者其他组织进行回收的，或者委托废物利用或者处置企业进行利用或者处置的，受托方应当依照有关法律、行政法规的规定和合同的约定负责回收或者利用、处置。

对列入强制回收名录的产品和包装物，消费者应当将废弃的产品或者包装物交给生产者或者其委托回收的销售者或者其他组织。

强制回收的产品和包装物的名录及管理办法，由国务院循环经济发展综合管理部门规定。

第十六条 国家对钢铁、有色金属、煤炭、电力、石油加工、化工、建材、建筑、造纸、印染等行业年综合能源消费量、用水量超过国家规定总量的重点企业，实行能耗、水耗的重点监督管理制度。

重点能源消费单位的节能监督管理，依照《中华人民共和国节约能源法》的规定执行。

重点用水单位的监督管理办法，由国务院循环经济发展综合管理部门会同国务院有关部门规定。

第十七条 国家建立健全循环经济统计制度，加强资源消耗、综合利用和废物产生的统计管理，并将主要统计指标定期向社会公布。

国务院标准化主管部门会同国务院循环经济发展综合管理和生态环境等有关主管部门建立健全循环经济标准体系，制定和完善节能、节水、节材和废物再利用、资源化等标准。

国家建立健全能源效率标识等产品资源消耗标识制度。

第三章 减 量 化

第十八条 国务院循环经济发展综合管理部门会同国务院生态环境等有关主管部门，定期发布鼓励、限制和淘汰的技术、工艺、设备、材料和产品名录。

禁止生产、进口、销售列入淘汰名录的设备、材料和产品，禁止使用列入淘汰名录的技术、工艺、设备和材料。

第十九条 从事工艺、设备、产品及包装物设计，应当按照减少资源消耗和废物产生的要求，优先选择采用易回收、易拆解、易降解、无毒无害或者低毒低害的材料和设计方案，并应当符合有关国家标准的强制性要求。

对在拆解和处置过程中可能造成环境污染的电器电子等产品，不得设计使用国家禁止使用的有毒有害物质。禁止在电器电子等产品中使用的有毒有害物质名录，由国务院循环经济发展综合管理部门会同国务院生态环境等有关主管部门制定。

设计产品包装物应当执行产品包装标准，防止过度包装造成资源浪费和环境污染。

第二十条 工业企业应当采用先进或者适用的节水技术、工艺和设备，制定并实施节水计划，加强节水管理，对生产用水进行全过程控制。

工业企业应当加强用水计量管理，配备和使用合格的用水计量器具，建立水耗统计和用水状况分析制度。

新建、改建、扩建建设项目，应当配套建设节水设施。节水设施应当与主体工程同时设计、同时施工、同时投产使用。

国家鼓励和支持沿海地区进行海水淡化和海水直接利用，节约淡水资源。

第二十一条 国家鼓励和支持企业使用高效节油产品。

电力、石油加工、化工、钢铁、有色金属和建材等企业，必须在国家规定的范围和期限内，以洁净煤、石油焦、天然气等清洁能源替代燃料油，停止使用不符合国家规定的燃油发电机组和燃油锅炉。

内燃机和机动车制造企业应当按照国家规定的内燃机和机动车燃油经济性标准，采用节油技术，减少石油产品消耗量。

第二十二条 开采矿产资源，应当统筹规划，制定合理的开发利用方案，采用合理的开采顺序、方法和选矿工艺。采矿许可证颁发机关应当对申请人提交的开发利用方案中的开采回采率、采矿贫化率、选矿回收率、矿山水循环利用率和土地复垦率等指标依法进行审查；审查不合格的，不予颁发采矿许可证。采矿许可证颁发机关应当依法加强对开采矿产资源的监督管理。

矿山企业在开采主要矿种的同时，应当对具有工业价值的共生和伴生矿实行综合开采、合理利用；对必须同时采出而暂时不能利用的矿产以及含有有用组分的尾矿，应当采取保护措施，防止资源损失和生态破坏。

第二十三条 建筑设计、建设、施工等单位应当按照国家有关规定和标准，对其设计、建设、施工的建筑物及构筑物采用节能、节水、节地、节材的技术工艺和小型、轻型、再生产品。有条件的地区，应当充分利用太阳能、地热能、风能等可再生能源。

国家鼓励利用无毒无害的固体废物生产建筑材料，鼓励使用散装水泥，推广使用预拌混凝土和预拌砂浆。

禁止损毁耕地烧砖。在国务院或者省、自治区、直辖市人民政府规定的期限和区域内，禁止生产、销售和使用粘土砖。

第二十四条 县级以上人民政府及其农业等主管部门应当推进土地集约利用，鼓励和支持农业生产者采用节水、节肥、节药的先进种植、养殖和灌溉技术，推动农业机械节能，优先发展生态农业。

在缺水地区，应当调整种植结构，优先发展节水型农业，推进雨水集蓄利用，建设和管护节水灌溉设施，提高用水效率，减少水的蒸发和漏失。

第二十五条 国家机关及使用财政性资金的其他组织应当厉行节约、杜绝浪费，带头使用节能、节水、节地、节材和有利于保护环境的产品、设备和设施，节约使用办公用品。国务院和县级以上地方人民政府管理机关事务工作的机构会同本级人民政府有关部门制定本级国家机关等机构的用能、用水定额指标，财政部门根据该定额指标制定支出标准。

城市人民政府和建筑物的所有者或者使用者，应当采取措施，加强建筑物维护管理，延长建筑物使用寿命。对符合城市规划和工程建设标准，在合理使用寿命内的建筑物，除为了公共利益的需要外，城市人民政府不得决定拆除。

第二十六条 餐饮、娱乐、宾馆等服务性企业，应当采用节能、节水、节材和有利于保护环境的产品，减少使用或者不使用浪费资源、污染环境的产品。

本法施行后新建的餐饮、娱乐、宾馆等服务性企业，应当采用节能、节水、节材和有利于保护环境的技术、设备和设施。

第二十七条 国家鼓励和支持使用再生水。在有条件使用再生水的地区，限制或者禁止将自来水作为城市道路清扫、城市绿化和景观用水使用。

第二十八条 国家在保障产品安全和卫生的前提下，限制一次性消费品的生产和销售。具体名录由国务院循环经济发展综合管理部门会同国务院财政、生态环境等有关主管部门制定。

对列入前款规定名录中的一次性消费品的生产和销售，由国务院财政、税务和对外贸易等主管部门制定限制性的税收和出口等措施。

第四章 再利用和资源化

第二十九条 县级以上人民政府应当统筹规划区域经济布局，合理调整产业结构，促进企业在资源综合利用等领域进行合作，实现资源的高效利用和循环使用。

各类产业园区应当组织区内企业进行资源综合利用，促进循环经济发展。

国家鼓励各类产业园区的企业进行废物交换利用、能量梯级利用、土地集约利用、水的分类利用和循环使用，共同使用基础设施和其他有关设施。

新建和改造各类产业园区应当依法进行环境影响评价，并采取生态保护和污染控制措施，确保本区域的环境质量达到规定的标准。

第三十条 企业应当按照国家规定，对生产过程中产生的粉煤灰、煤矸石、尾矿、废石、废料、废气等工业废物进行综合利用。

第三十一条 企业应当发展串联用水系统和循环用水系统，提高水的重复利用率。

企业应当采用先进技术、工艺和设备，对生产过程中产生的废水进行再生利用。

第三十二条 企业应当采用先进或者适用的回收技术、工艺和设备，对生产过程中产生的余热、余压等进行综合利用。

建设利用余热、余压、煤层气以及煤矸石、煤泥、垃圾等低热值燃料的并网发电项目，应当依照法律和国务院的规定取得行政许可或者报送备案。电网企业应当按照国家规定，与综合利用资源发电的企业签订并网协议，提供上网服务，并全额收购并网发电项目的上网电量。

第三十三条 建设单位应当对工程施工中产生的建筑废物进行综合利用；不具备综合利用条件的，应当委托具备条件的生产经营者进行综合利用或者无害化处置。

第三十四条 国家鼓励和支持农业生产者和相关企业采用先进或者适用技术，对农作物秸秆、畜禽粪便、农产品加工业副产品、废农用薄膜等进行综合利用，开发利用沼气等生物质能源。

第三十五条 县级以上人民政府及其草原林业主管部门应当

积极发展生态林业，鼓励和支持林业生产者和相关企业采用木材节约和代用技术，开展林业废弃物和次小薪材、沙生灌木等综合利用，提高木材综合利用率。

第三十六条 国家支持生产经营者建立产业废物交换信息系统，促进企业交流产业废物信息。

企业对生产过程中产生的废物不具备综合利用条件的，应当提供给具备条件的生产经营者进行综合利用。

第三十七条 国家鼓励和推进废物回收体系建设。

地方人民政府应当按照城乡规划，合理布局废物回收网点和交易市场，支持废物回收企业和其他组织开展废物的收集、储存、运输及信息交流。

废物回收交易市场应当符合国家环境保护、安全和消防等规定。

第三十八条 对废电器电子产品、报废机动车船、废轮胎、废铅酸电池等特定产品进行拆解或者再利用，应当符合有关法律、行政法规的规定。

第三十九条 回收的电器电子产品，经过修复后销售的，必须符合再利用产品标准，并在显著位置标识为再利用产品。

回收的电器电子产品，需要拆解和再生利用的，应当交售给具备条件的拆解企业。

第四十条 国家支持企业开展机动车零部件、工程机械、机床等产品的再制造和轮胎翻新。

销售的再制造产品和翻新产品的质量必须符合国家规定的标准，并在显著位置标识为再制造产品或者翻新产品。

第四十一条 县级以上人民政府应当统筹规划建设城乡生活垃圾分类收集和资源化利用设施，建立和完善分类收集和资源化利用体系，提高生活垃圾资源化率。

县级以上人民政府应当支持企业建设污泥资源化利用和处置

设施，提高污泥综合利用水平，防止产生再次污染。

第五章　激 励 措 施

第四十二条　国务院和省、自治区、直辖市人民政府设立发展循环经济的有关专项资金，支持循环经济的科技研究开发、循环经济技术和产品的示范与推广、重大循环经济项目的实施、发展循环经济的信息服务等。具体办法由国务院财政部门会同国务院循环经济发展综合管理等有关主管部门制定。

第四十三条　国务院和省、自治区、直辖市人民政府及其有关部门应当将循环经济重大科技攻关项目的自主创新研究、应用示范和产业化发展列入国家或者省级科技发展规划和高技术产业发展规划，并安排财政性资金予以支持。

利用财政性资金引进循环经济重大技术、装备的，应当制定消化、吸收和创新方案，报有关主管部门审批并由其监督实施；有关主管部门应当根据实际需要建立协调机制，对重大技术、装备的引进和消化、吸收、创新实行统筹协调，并给予资金支持。

第四十四条　国家对促进循环经济发展的产业活动给予税收优惠，并运用税收等措施鼓励进口先进的节能、节水、节材等技术、设备和产品，限制在生产过程中耗能高、污染重的产品的出口。具体办法由国务院财政、税务主管部门制定。

企业使用或者生产列入国家清洁生产、资源综合利用等鼓励名录的技术、工艺、设备或者产品的，按照国家有关规定享受税收优惠。

第四十五条　县级以上人民政府循环经济发展综合管理部门在制定和实施投资计划时，应当将节能、节水、节地、节材、资源综合利用等项目列为重点投资领域。

对符合国家产业政策的节能、节水、节地、节材、资源综合利用等项目，金融机构应当给予优先贷款等信贷支持，并积极提供配套金融服务。

对生产、进口、销售或者使用列入淘汰名录的技术、工艺、设备、材料或者产品的企业，金融机构不得提供任何形式的授信支持。

第四十六条 国家实行有利于资源节约和合理利用的价格政策，引导单位和个人节约和合理使用水、电、气等资源性产品。

国务院和省、自治区、直辖市人民政府的价格主管部门应当按照国家产业政策，对资源高消耗行业中的限制类项目，实行限制性的价格政策。

对利用余热、余压、煤层气以及煤矸石、煤泥、垃圾等低热值燃料的并网发电项目，价格主管部门按照有利于资源综合利用的原则确定其上网电价。

省、自治区、直辖市人民政府可以根据本行政区域经济社会发展状况，实行垃圾排放收费制度。收取的费用专项用于垃圾分类、收集、运输、贮存、利用和处置，不得挪作他用。

国家鼓励通过以旧换新、押金等方式回收废物。

第四十七条 国家实行有利于循环经济发展的政府采购政策。使用财政性资金进行采购的，应当优先采购节能、节水、节材和有利于保护环境的产品及再生产品。

第四十八条 县级以上人民政府及其有关部门应当对在循环经济管理、科学技术研究、产品开发、示范和推广工作中做出显著成绩的单位和个人给予表彰和奖励。

企业事业单位应当对在循环经济发展中做出突出贡献的集体和个人给予表彰和奖励。

第六章　法 律 责 任

第四十九条 县级以上人民政府循环经济发展综合管理部门

或者其他有关主管部门发现违反本法的行为或者接到对违法行为的举报后不予查处，或者有其他不依法履行监督管理职责行为的，由本级人民政府或者上一级人民政府有关主管部门责令改正，对直接负责的主管人员和其他直接责任人员依法给予处分。

第五十条 生产、销售列入淘汰名录的产品、设备的，依照《中华人民共和国产品质量法》的规定处罚。

使用列入淘汰名录的技术、工艺、设备、材料的，由县级以上地方人民政府循环经济发展综合管理部门责令停止使用，没收违法使用的设备、材料，并处五万元以上二十万元以下的罚款；情节严重的，由县级以上人民政府循环经济发展综合管理部门提出意见，报请本级人民政府按照国务院规定的权限责令停业或者关闭。

违反本法规定，进口列入淘汰名录的设备、材料或者产品的，由海关责令退运，可以处十万元以上一百万元以下的罚款。进口者不明的，由承运人承担退运责任，或者承担有关处置费用。

第五十一条 违反本法规定，对在拆解或者处置过程中可能造成环境污染的电器电子等产品，设计使用列入国家禁止使用名录的有毒有害物质的，由县级以上地方人民政府市场监督管理部门责令限期改正；逾期不改正的，处二万元以上二十万元以下的罚款；情节严重的，依法吊销营业执照。

第五十二条 违反本法规定，电力、石油加工、化工、钢铁、有色金属和建材等企业未在规定的范围或者期限内停止使用不符合国家规定的燃油发电机组或者燃油锅炉的，由县级以上地方人民政府循环经济发展综合管理部门责令限期改正；逾期不改正的，责令拆除该燃油发电机组或者燃油锅炉，并处五万元以上五十万元以下的罚款。

第五十三条 违反本法规定，矿山企业未达到经依法审查确定的开采回采率、采矿贫化率、选矿回收率、矿山水循环利用率和土地复垦率等指标的，由县级以上人民政府地质矿产主管部门责令限期改正，处五万元以上五十万元以下的罚款；逾期不改正的，由采矿许可证颁发机关依法吊销采矿许可证。

第五十四条 违反本法规定，在国务院或者省、自治区、直辖市人民政府规定禁止生产、销售、使用粘土砖的期限或者区域内生产、销售或者使用粘土砖的，由县级以上地方人民政府指定的部门责令限期改正；有违法所得的，没收违法所得；逾期继续生产、销售的，由地方人民政府市场监督管理部门依法吊销营业执照。

第五十五条 违反本法规定，电网企业拒不收购企业利用余热、余压、煤层气以及煤矸石、煤泥、垃圾等低热值燃料生产的电力的，由国家电力监管机构责令限期改正；造成企业损失的，依法承担赔偿责任。

第五十六条 违反本法规定，有下列行为之一的，由地方人民政府市场监督管理部门责令限期改正，可以处五千元以上五万元以下的罚款；逾期不改正的，依法吊销营业执照；造成损失的，依法承担赔偿责任：

（一）销售没有再利用产品标识的再利用电器电子产品的；

（二）销售没有再制造或者翻新产品标识的再制造或者翻新产品的。

第五十七条 违反本法规定，构成犯罪的，依法追究刑事责任。

第七章　附　则

第五十八条 本法自2009年1月1日起施行。

关于加快推进农用地膜污染防治的意见

（农科教发〔2019〕1号）

各省、自治区、直辖市农业农村（农牧）厅（局、委）、发展改革委、工业和信息化主管部门、财政厅（局）、生态环境厅（局）、市场监管局（厅、委），新疆生产建设兵团农业农村局、发展改革委、工业和信息化委员会、财政局、生态环境局、市场监督管理局：

地膜是重要的农业生产资料。我国地膜覆盖面积大、应用范围广，在增加农作物产量、提高作物品质、丰富农产品供给结构等方面发挥了重要作用。但长期以来重使用、轻回收，造成部分地区地膜残留污染问题日益严重。为加快推进地膜污染防治，推动农业绿色发展，现提出以下意见。

一、总体要求

（一）指导思想

以习近平新时代中国特色社会主义思想为指导，全面贯彻党的十九大及十九届二中、三中全会精神，牢固树立新发展理念，认真落实中央一号文件关于下大力气治理白色污染的要求，以主要覆膜地区为治理重点，以回收利用、减量使用传统地膜和推广应用安全可控替代产品为主要治理方式，健全制度体系，强化责任落实，完善扶持政策，严格执法监管，加强科技支撑，全面推进地膜污染治理，加快建设农业绿色发展新格局，为全面建成小康社会提供有力支撑。

（二）基本原则

统筹兼顾，重点推进。统筹地膜污染的环境压力、农产品供给保障能力和废旧地膜回收利用能力，协同推进生产发展和环境保护，奖惩并举，疏堵结合，重点推进覆膜面积大、残留量高地区的农业绿色发展，保障产业稳定、环境改善。

因地制宜，多措并举。根据不同区域、不同覆膜类型、不同残留程度，以回收利用为主要手段，同时探索源头不用、少用的减量化措施，在部分地区适宜作物上开展安全可控替代产品的推广应用，有效解决地膜污染问题。

强化管理，落实责任。地膜污染治理由地方人民政府负责。各有关部门在本级人民政府的统一领导下，健全工作机制，加强工作督导，做好协同配合，监督指导地膜生产、销售、使用等各主体切实履行主体责任。

政府引导，多方参与。完善以绿色生态为导向的农业补贴制度，发挥市场配置资源的决定性作用，政府重点在地膜使用和回收环节进行引导和支持，在循环利用环节鼓励社会资本投入，培育废旧地膜资源化利用循环产业。

（三）主要目标

到2020年建立工作机制，明确主体责任，回收体系基本建立，农膜回收率达到80%以上，全国地膜覆盖面积基本实现零增长。到2025年，农膜基本实现全回收，全国地膜残留量实现负增长，农田白色污染得到有效防控。

二、完善农田地膜污染防治制度建设

（四）加快法律法规制定

落实严格的农膜管理制度，对农膜生产、销售、使用、回收、再利用等环节加强管理。农业农村部、工业和信息化部、生态环境部、国家市场监督管理总局联合制定农用薄膜管理办法，建立全程监管体系，加强农膜回收利用的法律保障。同时，对地方制定相应办法和规定提出要求。

（五）建立地方负责制度

地方各级人民政府要对本行政区域内的地膜污染防治工作负责，压实地方政府主体责任，明确地膜污染防治的第一责任主体。要结合本地实际，细化任务分工，健全工作机制，加大资金投入，完善政策措施，强化日常监管，确保各项任务落实到位。

（六）建立使用管控制度

加强地膜使用控制，开展地膜覆盖技术适宜性评价，因地制宜调减部分作物覆膜面积，促进地膜覆盖技术合理利用。完善可降解地膜评价认证和降解产物检测评估体系，加强可降解地膜产品操作性、功能性、可控性等的农田适宜性评价，开展新产品的对比试验，进一步降低产品成本，在符合标准基础上开展可降解地膜示范推广。

（七）建立监测统计制度

研究制定农田地膜残留调查技术规范和回收率、残留量等测算方法，进一步完善农田地膜残留和回收利用监测网络，建立健全农田地膜残留监测点，开展常态化、制度化的监测评估。加强地膜使用和回收利用统计工作。

（八）建立绩效考核制度

把地膜污染治理纳入地方政府有关农业绿色发展的考核指标，加强对地膜污染防治的监督和考核，定期通报考核结果，层层传导压力。强化考核结果应用，建立激励和责任追究机制。

三、做好农田地膜污染防治工作落实

（九）规范企业生产行为

地膜生产者应具备产品质量检测能力和相关设备，不得利用再生料进行生产，禁止生产厚度、强度、耐候性能等不符合国家强制性标准的地膜，产品质量检验合格证应当标注地膜推荐使用时间。各地工业和信息化部门负责地膜生产指导工作，市场监督管理部门负责地膜质量监督管理工作。

（十）强化市场监管

地膜销售者采购和销售地膜应当依法查验产品包装、标签、产品质量检验合格证，不得采购和销售不符合国家强制性标准的地膜。各地市场监督管理部门负责地膜流通领域的监督管理工作，依法打击非标地膜的生产和销售。

（十一）推动减量增效

示范推广一膜多用、行间覆盖等技术，加强粮棉、菜棉轮作等轮作倒茬制度探索，降低地膜覆盖依赖度，减少地膜用量。推广机械捡拾、适时揭膜等技术，降低地膜残留风险。鼓励和支持农业生产者使用生物可降解农膜。对利用政府性资金采购的或政府组织集中采购的地膜，有关单位要加强需求确定和履约验收管理，不得采购不合格地膜产品。各地农业农村部门负责指导地膜的科学合理使用工作。

（十二）强化回收利用

坚持政府引导、部门联动、公众参与、多方回收，因地制宜建立政府扶持、市场主导的地膜回收利用体系。推进地膜专业化回收利用，完善废旧地膜回收网络，盘活已有地膜加工再利用能力。明确种植大户、农民合作社、龙头企业等新型经营主体在地膜回收方面的约束性责任，引导相关主体开展废弃地膜回收，鼓励地膜回收利用体系与可再生资源、垃圾处理、农资销售体系等相结合，就近就地、合理布局，确保环保达标。探索推动地膜生产者责任延伸制度试点。对地膜重度污染农田，各地要通过农田综合整治等方式开展存量残膜专项治理。各地农业农村部门负责指导地膜回收利用工作，生态环境部门负责地膜回收利用过程的环境污染防治监督管理工作。

四、加强农田地膜污染防治政策保障

（十三）加大政策扶持力度

中央财政继续支持地方开展废弃地膜回收利用工作，继续推动农膜回收示范县建设。地膜使用量大、污染严重的地区，省级政府可根据当地实际安排地膜回收利用资金，对从事废弃地膜回收的网点、资源化利用主体等给予支持，对机械化捡拾作业等给予适当补贴。

（十四）加强科技支撑

加大对地膜回收捡拾机具、符合国家标准的可降解地膜及其配套农艺技术、高强度地膜、地膜资源化利用等关键技术和设备研发的支持力度。加大符合标准的可降解地膜试验示范力度，针对其可操作性、可控性、经济性、安全性及全生命周期环境影响做好性能验证和技术评价，优先在重点用膜地区开展验证性推广。开展主要农作物地膜覆盖适宜性研究，促进地膜覆盖技术合理利用。

（十五）强化组织保障

各地区、各有关部门要根据本意见精神，明确目标任务、职责分工和具体要求，建立协同推进机制，确保各项政策措施落到实处。农业农村部要会同有关部门对本意见落实情况进行跟踪评估。各地要强化宣传发动，引导公众参与，切实增强农膜生产者、销售者、使用者、回收者自觉履行生态环境责任的积极性和主动性，形成多方参与、共同治理的良好局面。

农业农村部　国家发展改革委
工业和信息化部　财政部
生态环境部　国家市场监督管理总局
2019 年 6 月 26 日

农膜回收行动方案

为加快推进农膜回收利用，防治农膜残留污染，提高废旧农膜资源化利用水平，推动农业绿色发展，制定本方案。

一、开展农膜回收行动的必要性

随着农膜用量和使用年限的不断增加，在局部地区造成“白色污染”，成为农业绿色发展面临的突出问题。推进农膜回收行动，十分紧迫和重要。

（一）生态环境保护的需要。2015 年，我国农膜用总量达 260 多万吨，其中地膜用量为 145 万吨，全国农膜回收利用率不足 2 /3。残膜弃于田间地头，被风吹至房前屋后、田野树梢，影响村容村貌。推进农膜回收，生产再生塑料制品，变废为宝，有利于资源节约，改善农村人居环境。

（二）耕地资源保护的需要。近年来，覆膜农田土壤均有不同程度的地膜残留，局部地区亩均残膜量达 4～20 公斤。残留地膜破坏了土壤结构，影响作物出苗，阻碍根系生长，导致农作物减产。推进农膜回收，有利于防治农田土壤残膜污染，保护宝贵的耕地资源。

（三）农业提质增效的需要。地膜残留降低播种质量，阻止农作物根系生长，影响水分和养分吸收。棉花中混入残膜，导致商品性变差，效益下降。推进农膜回收，有利于提升产品品质，提高农业生产效益。

二、总体思路、基本原则和行动目标

（一）总体思路

贯彻落实绿色发展理念，以西北为重点区域，以棉花、玉米、马铃薯为重点作物，以加厚地膜应用、机械化捡拾、专业化回收、资源化利用为主攻方向，完善扶持政策，加强试点示范，强化科技支撑，创新回收机制，推进农膜回收，提升废旧农膜资源化利用水平，防控“白色污染”，促进农业绿色发展。

（二）基本原则

一是因地制宜，分区治理。根据不同地区自然条件、资源禀赋和地膜使用特点，分区域、分作物推广地膜残留污染治理措施。

二是典型引领，重点推进。在重点区域选择用膜大县，推进地膜回收环节补贴，构建捡拾回收加工体系，集中打造一批地膜回收利用示范县，发挥示范效应。

三是多措并举，严格防控。完善法律法规，严格标准规范，强化源头防控，推进机械捡拾，综合施策，严防严控农膜污染。

四是政府引导，多方发力。加大政策支持力度，充分调动地膜生产销售企业、农业生产经营者、回收利用企业、社会化服务组织等多方积极性，共同推进农膜污染防治工作。

（三）行动目标

2017 年，在甘肃、新疆和内蒙古启动建设 100 个地膜治理示范县，通过 2～3 年的时间，实现示范县加厚地膜全面推广使用、回收加工体系基本建立、当季地膜回收率达到 80%以上，率先实现地膜基本资源化利用。到 2020 年，全国农膜回收网络不断完善，资源化利用水平不断提升，农膜回收利用率达到 80%以上，“白色污染”得到有效防控。

三、重点任务

（一）推进地膜覆盖减量化

加快地膜覆盖技术适宜性评估，推进地膜覆盖技术合理应用，降低地膜覆盖依赖度，减少地膜用量。加强倒茬轮作制度探索，通过粮棉、菜棉轮作，减少地膜覆盖。示范推广一膜多用、行间覆盖等技术。

（二）推进地膜产品标准化

推动地膜新国家标准颁布实施，地膜厚度标准由0.008mm提高到0.01mm，增加拉伸强度、断裂伸长率，从源头保障地膜的可回收性。配合有关部门加强监管，严格地膜标准执行，严禁生产和使用不合格地膜产品。各地推动出台地膜地方标准，推进0.01mm以上加厚地膜应用。

（三）推进地膜捡拾机械化

加快地膜回收机具的推广应用，加大地膜回收机具补贴力度。在有条件的地区，将地膜回收作为生产全程机械化的必需环节，推动组建地膜回收作业专业组织，全面推进机械化回收。加强地膜回收机具研发和技术集成，推动形成区域地膜机械化捡拾综合解决方案。

（四）推进地膜回收专业化

研究制定地膜回收加工的税收、用电等支持政策，扶持从事地膜回收加工的社会化服务组织和企业，推动形成回收加工体系。引导种植大户、农民合作社、龙头企业等新型经营主体开展地膜回收，推动地膜回收与地膜使用成本联动，推进农业清洁生产。

四、区域重点及技术措施

（一）西北地区

该地区包括新疆、甘肃、宁夏、陕西、青海、山西和内蒙古中西部。该区域年降水量小于400mm的干旱、半干旱农业区以全膜覆盖技术为主，年降水量400mm以上的地区以半膜覆盖技术为主，地膜的主要作用在于防止干旱和增加地温。该地区主要覆膜作物为棉花、玉米、马铃薯。**棉花：**新疆棉区全面推广使用0.01mm以上的加厚地膜，发展地膜回收农机合作社，推进地膜机械化捡拾回收。**玉米：**甘肃旱作玉米区全面推广使用0.01mm以上的加厚地膜，建立人工捡拾专业服务队，示范推广机械化捡拾回收，培育专业化回收企业，提高回收效率。**马铃薯：**全面推广使用0.01mm以上的加厚地膜，在做好人工捡拾回收的基础上，部分地区示范应用全生物可降解地膜和机械化捡拾回收。

（二）东北地区

该地区包括辽宁、吉林、黑龙江三省及内蒙古东四盟（市）。在该区域年降水量400mm以上的旱作农业区，主要使用半膜覆盖技术，年降水量400mm以下的地区主要使用全膜覆盖技术，地膜的主要作用在于早春增温防旱。该地区大田主要覆膜作物为玉米、花生。**玉米：**突出地膜使用减量化，探索实施地膜使用区域适宜性评价制度，推广生育期短、地膜依赖度低的玉米品种，逐步减少地膜覆盖面积。**花生：**推广应用0.01mm以上的加厚地膜，重点采取机械化回收作业的方式推进地膜捡拾回收。

（三）华北地区

该地区包括北京、天津、河北、河南、山东。该区域主要使用半膜覆盖技术，地膜的主要作用在于早春增温保墒防草。该地区主要覆膜作物为棉花、花生、蔬菜。**棉花：**突出地膜使用减量化，推广工厂化育苗和机械化移栽，减少地膜覆盖面积。**花生、蔬菜：**推广应用0.01mm以上的加厚地膜，重点采取地膜机械化捡拾回收，部分蔬菜种植区开展全生物可降解地膜示范应用。

（四）西南地区

该地区包括重庆、四川、贵州、云南、广西、湖北、湖南西部。在该区域主要使用半膜覆盖技术，高山冷凉、季节性干旱严重的地区使用全膜覆盖技术，地膜主要作用在于早春增温防草。该地区主要覆膜作物为烟草、玉米。**烟草：**全面推广应用0.01mm以上的加厚地膜，落实烟草企业地膜回收责任，在重点推动人工回收作业的同时，推进小型机械化捡拾，部分地区可推广使用全生物可降解地膜。**玉米：**在大力推动捡拾回收的基础上，突出地膜使用减量化，推广应用一膜（两）多用技术。

五、重点工作

（一）建设回收利用示范县

在甘肃、新疆、内蒙古3个重点用膜区，以玉米、棉花、马铃薯3种覆膜作物为重点，选择100个覆膜面积10万亩以上的县，建立以旧换新、经营主体上交、专业化组织回收、加工企业回收等多种方式的回收利用机制，整县推进，形成技术可推广、运营可持续、政策可落地、机制可复制的示范样板。

（二）探索生产者责任延伸制度

在甘肃、新疆选择4个县探索建立“谁生产、谁回收”的地膜生产者责任延伸制度试点，由地膜生产企业，统一供膜、统一铺膜、统一回收，地膜回收责任由使用者转到生产者，农民由买产品转为买服务，推动地膜生产企业回收废旧地膜。

（三）加强科技创新

依托国家农业废弃物循环利用创新联盟和农业部农膜污染防控重点实验室，重点开展残膜捡拾、加工利用、残膜分离等技术和设备研发。继续在13个省（自治区、直辖市）选择试验示范点，开展全生物可降解地膜和非降解地膜对比试验，鼓励科研院所和企业，加快全生物可降解地膜的研发和推广应用。

（四）推动政策体系建设

推动地膜新标准、农用地膜回收利用管理办法出台，加强对农用地膜生产、使用、回收、再利用等环节监管。推广甘肃、新疆“5个1”综合治理模式。推动对符合条件的地膜回收机具敞开补贴。研究制定地膜回收加工的税收、用电等支持政策。

六、保障措施

（一）强化组织管理

农业部加强对农膜回收行动的指导，定期调度进展，协调指导落实。各省成立由农业厅（局、委）分管负责同志任组长的推进落实领导小组，推进各项措施落实。示范县成立由政府主要负责同志任组长的实施领导小组，明确责任、搞好服务、确保实效。

（二）强化科技指导

各地要组织专家分区域、分作物制定切实可行的农膜回收技术方案，加快新技术、新产品、新设备的示范推广，为农膜回收行动提供全程科技服务。加强对农膜回收专业化服务组织的技术指导，科学推进农膜回收、加工、再利用社会化服务。

（三）强化监测考核

加强地膜应用和残膜污染的基础数据统计工作，进一步完善农田残留地膜污染监测网络，开展地膜残留调查和回收利用率测算，推进农膜回收利用绩效考核。建立农田残膜监测与调查点，构建底数清楚、可考核的数据统计平台。

（四）强化宣传引导

总结宣传各地的好做法、好技术、好经验，相互借鉴，推进交流。充分利用广播、电视、报刊、互联网等媒体，加大相关法律法规的宣传培训力度，提高各级政府及广大农民对农膜回收行动的认识，引导规范农民使用加厚地膜、积极参与地膜回收，营造良好社会氛围。

关于进一步加强塑料污染治理的意见

（发改环资〔2020〕80号）

各省、自治区、直辖市人民政府，国务院各部委、各直属机构：

塑料在生产生活中应用广泛，是重要的基础材料。不规范生产、使用塑料制品和回收处置塑料废弃物，会造成能源资源浪费和环境污染，加大资源环境压力。积极应对塑料污染，事关人民群众健康，事关我国生态文明建设和高质量发展。为贯彻落实党中央、国务院决策部署，进一步加强塑料污染治理，建立健全塑料制品长效管理机制，经国务院同意，现提出如下意见。

一、总体要求

（一）指导思想。

以习近平新时代中国特色社会主义思想为指导，全面贯彻党的十九大和十九届二中、三中、四中全会精神，坚持以人民为中心，牢固树立新发展理念，有序禁止、限制部分塑料制品的生产、销售和使用，积极推广替代产品，规范塑料废弃物回收利用，建立健全塑料制品生产、流通、使用、回收处置等环节的管理制度，有力有序有效治理塑料污染，努力建设美丽中国。

（二）基本原则。

突出重点，有序推进。强化源头治理，抓住塑料制品生产使用的重点领域和重要环节，针对社会反映强烈的突出问题，分类提出管理要求；综合考虑各地区、各领域实际情况，合理确定实施路径，积极稳妥推进塑料污染治理工作。

创新引领，科技支撑。以可循环、易回收、可降解为导向，研发推广性能达标、绿色环保、经济适用的塑料制品及替代产品，培育有利于规范回收和循环利用、减少塑料污染的新业态新模式。

多元参与，社会共治。发挥企业主体责任，强化政府监督管理，加强政策引导，凝聚社会共识，形成政府、企业、行业组织、社会公众共同参与的多元共治体系。

（三）主要目标。

到 2020 年，率先在部分地区、部分领域禁止、限制部分塑料制品的生产、销售和使用。到 2022 年，一次性塑料制品消费量明显减少，替代产品得到推广，塑料废弃物资源化能源化利用比例大幅提升；在塑料污染问题突出领域和电商、快递、外卖等新兴领域，形成一批可复制、可推广的塑料减量和绿色物流模式。到 2025 年，塑料制品生产、流通、消费和回收处置等环节的管理制度基本建立，多元共治体系基本形成，替代产品开发应用水平进一步提升，重点城市塑料垃圾填埋量大幅降低，塑料污染得到有效控制。

二、禁止、限制部分塑料制品的生产、销售和使用

（四）禁止生产、销售的塑料制品。

禁止生产和销售厚度小于 0.025 毫米的超薄塑料购物袋、厚度小于 0.01 毫米的聚乙烯农用地膜。禁止以医疗废物为原料制造塑料制品。全面禁止废塑料进口。到 2020 年底，禁止生产和销售一次性发泡塑料餐具、一次性塑料棉签；禁止生产含塑料微珠的日化产品。到 2022 年底，禁止销售含塑料微珠的日化产品。

（五）禁止、限制使用的塑料制品。

1. 不可降解塑料袋。到 2020 年底，直辖市、省会城市、计划单列市城市建成区的商场、超市、药店、书店等场所以及餐饮打包外卖服务和各类展会活动，禁止使用不可降解塑料袋，集贸市

场规范和限制使用不可降解塑料袋；到 2022 年底，实施范围扩大至全部地级以上城市建成区和沿海地区县城建成区。到 2025 年底，上述区域的集贸市场禁止使用不可降解塑料袋。鼓励有条件的地方，在城乡结合部、乡镇和农村地区集市等场所停止使用不可降解塑料袋。

2. 一次性塑料餐具。到 2020 年底，全国范围餐饮行业禁止使用不可降解一次性塑料吸管；地级以上城市建成区、景区景点的餐饮堂食服务，禁止使用不可降解一次性塑料餐具。到 2022 年底，县城建成区、景区景点餐饮堂食服务，禁止使用不可降解一次性塑料餐具。到 2025 年，地级以上城市餐饮外卖领域不可降解一次性塑料餐具消耗强度下降 30％。

3. 宾馆、酒店一次性塑料用品。到 2022 年底，全国范围星级宾馆、酒店等场所不再主动提供一次性塑料用品，可通过设置自助购买机、提供续充型洗洁剂等方式提供相关服务；到 2025 年底，实施范围扩大至所有宾馆、酒店、民宿。

4. 快递塑料包装。到 2022 年底，北京、上海、江苏、浙江、福建、广东等省（直辖市）的邮政快递网点，先行禁止使用不可降解的塑料包装袋、一次性塑料编织袋等，降低不可降解的塑料胶带使用量。到 2025 年底，全国范围邮政快递网点禁止使用不可降解的塑料包装袋、塑料胶带、一次性塑料编织袋等。

三、推广应用替代产品和模式

（六）推广应用替代产品。

在商场、超市、药店、书店等场所，推广使用环保布袋、纸袋等非塑制品和可降解购物袋，鼓励设置自助式、智慧化投放装置，方便群众生活。推广使用生鲜产品可降解包装膜（袋）。建立集贸市场购物袋集中购销制。在餐饮外卖领域推广使用符合性能和食品安全要求的秸秆覆膜餐盒等生物基产品、可降解塑料袋等替代产品。**在重点覆膜区域，结合农艺措施规模化推广可降解地膜。**

（七）培育优化新业态新模式。

强化企业绿色管理责任，推行绿色供应链。电商、外卖等平台企业要加强入驻商户管理，制定一次性塑料制品减量替代实施方案，并向社会发布执行情况。以连锁商超、大型集贸市场、物流仓储、电商快递等为重点，推动企业通过设备租赁、融资租赁等方式，积极推广可循环、可折叠包装产品和物流配送器具。鼓励企业采用股权合作、共同注资等方式，建设可循环包装跨平台运营体系。鼓励企业使用商品和物流一体化包装，建立可循环物流配送器具回收体系。

（八）增加绿色产品供给。

塑料制品生产企业要严格执行有关法律法规，生产符合相关标准的塑料制品，不得违规添加对人体、环境有害的化学添加剂。推行绿色设计，提升塑料制品的安全性和回收利用性能。积极采用新型绿色环保功能材料，增加使用符合质量控制标准和用途管制要求的再生塑料，加强可循环、易回收、可降解替代材料和产品研发，降低应用成本，有效增加绿色产品供给。

四、规范塑料废弃物回收利用和处置

（九）加强塑料废弃物回收和清运。

结合实施垃圾分类，加大塑料废弃物等可回收物分类收集和处理力度，禁止随意堆放、倾倒造成塑料垃圾污染。在写字楼、机场、车站、港口码头等塑料废弃物产生量大的场所，要增加投放设施，提高清运频次。推动电商外卖平台、环卫部门、回收企业等开展多方合作，在重点区域投放快递包装、外卖餐盒等回收设施。**建立健全废旧农膜回收体系**；规范废旧渔网渔具回收处置。

（十）推进资源化能源化利用。

推动塑料废弃物资源化利用的规范化、集中化和产业化，相关项目要向资源循环利用基地等园区集聚，提高塑料废弃物资源化利用水平。分拣成本高、不宜资源化利用的塑料废弃物要推进能源化利用，加强垃圾焚烧发电等企业的运行管理，确保各类污染物稳定达标排放，并最大限度降低塑料垃圾直接填埋量。

（十一）开展塑料垃圾专项清理。

加快生活垃圾非正规堆放点、倾倒点排查整治工作，重点解决城乡结合部、环境敏感区、道路和江河沿线、坑塘沟渠等处生活垃圾随意倾倒堆放导致的塑料污染问题。开展江河湖泊、港湾塑料垃圾清理和清洁海滩行动。**推进农田残留地膜、农药化肥塑料包装等清理整治工作，逐步降低农田残留地膜量。**

五、完善支撑保障体系

（十二）建立健全法规制度和标准。

推进相关法律法规修订，将塑料污染防治纳入相关法律法规要求。适时更新发布塑料制品禁限目录。制定塑料制品绿色设计导则。完善再生塑料质量控制标准，规范再生塑料用途。制修订可降解材料与产品的标准标识。建立健全电商、快递、外卖等新兴领域企业绿色管理和评价标准。研究对包装问题突出的商品开展包装适宜度分级评价，提出差别化管理措施。将一次性塑料制品管控要求纳入旅游景区和星级宾馆、酒店评定评级标准。完善塑料废弃物资源化能源化利用的环境保护相关标准。探索建立塑料原材料与制成品的生产、销售信息披露制度。探索实施企业法人守信承诺和失信惩戒，将违规生产、销售、使用塑料制品等行为列入失信记录。

（十三）完善相关支持政策。

加大对绿色包装研发生产、绿色物流和配送体系建设、专业化智能化回收设施投放运营等重点项目的支持力度。落实好相关财税政策，加大对符合标准绿色产品的政府采购力度。**开展新型绿色供应链建设、新产品新模式推广和废旧农膜回收利用等试点示范。**各地要支持专业化回收设施投放，消除设施进居民社区、地铁站、车站和写字楼等公共场所的管理障碍。鼓励各地采取经济手段，促进一次性塑料制品减量、替代。公共机构要带头停止使用不可降解一次性塑料制品。

（十四）强化科技支撑。

开展不同类型塑料制品全生命周期环境风险研究评价。加强江河湖海塑料垃圾及微塑料污染机理、监测、防治技术和政策等研究，开展生态环境影响与人体健康风险评估。加大可循环、可降解材料关键核心技术攻关和成果转化，提升替代材料和产品性能。**以降解安全可控性、规模化应用经济性等为重点，开展可降解地膜等技术验证和产品遴选。**

（十五）严格执法监督。

加强日常管理和监督检查，严格落实禁止、限制生产、销售和使用部分塑料制品的政策措施。严厉打击违规生产销售国家明令禁止的塑料制品，严格查处虚标、伪标等行为。推行生态环境保护综合执法，加强塑料废弃物回收、利用、处置等环节的环境监管，依法查处违法排污等行为，持续推进废塑料加工利用行业整治。行业管理部门日常监管中发现有关塑料环境污染和生态破坏行为的，应当及时将相关线索移交生态环境保护综合执法队伍，由其依法立案查处。对实施不力的责任主体，依法依规予以查处，并通过公开曝光、约谈等方式督促整改。

六、强化组织实施

（十六）加强组织领导。

各地区、各有关部门要高度重视塑料污染治理工作，精心组织安排，切实抓好落实。国家发展改革委、生态环境部会同有关部门建立专项工作机制，统筹指导协调相关工作，及时总结分析工作进展，重大情况和问题向党中央、国务院报告。生态环境部会同有关部门开展联合专项行动，加强对塑料污染治理落实情况的督促检查，重点问题纳入中央生态环境保护督察，强化考核和问责。各级地方人民政府要结合本地实际，制定具体实施办法，实化细化政策措施。

（十七）强化宣传引导。

加大对塑料污染治理的宣传力度，引导公众减少使用一次性塑料制品，参与垃圾分类，抵制过度包装。利用报纸、广播电视、新媒体等渠道深入宣传塑料污染治理的工作成效和典型做法。引导行业协会、商业团体、公益组织有序开展专业研讨、志愿活动等，广泛凝聚共识，营造全社会共同参与的良好氛围。

国家发展改革委

生态环境部

2020 年 1 月 16 日

关于扎实推进塑料污染治理工作的通知

（发改环资〔2020〕1146号）

各省、自治区、直辖市发展改革委、生态环境厅（局）、工业和信息化主管部门、住房城乡建设厅（城市管理委、城市管理局、绿化市容局）、农业农村（农牧）厅（局、委）、商务厅（局、委）、文化和旅游厅（局）、市场监管局（委、厅）、供销合作社：

《关于进一步加强塑料污染治理的意见》（发改环资〔2020〕80号，以下简称《意见》）印发以来，各地、各部门积极推动落实，整体工作平稳开局，但各地各领域工作进度还不平衡。为统筹做好疫情防控和塑料污染治理工作，确保如期完成2020年底塑料污染治理各项阶段性目标任务，现将有关要求通知如下：

一、落实属地管理责任

各地要提高政治站位，进一步增强做好塑料污染治理工作的紧迫感和责任感，加大工作落实力度。8月中旬前出台省级实施方案，细化分解任务，层层压实责任；督促省会城市、计划单列市、地级以上城市等结合本地实际，重点围绕2020年底阶段性目标，分析评估各领域重点难点问题，研究提出可操作、有实效的具体推进措施，确保如期完成目标任务。

二、狠抓重点领域推进落实

（一）加强对禁止生产销售塑料制品的监督检查。各地市场监管部门要开展塑料制品质量监督检查，依法查处生产、销售厚度小于0.025毫米的超薄塑料购物袋和厚度小于0.01毫米的聚乙烯农用地膜等行为；按照《意见》规定的禁限期限，对纳入淘汰类产品目录的一次性发泡塑料餐具、一次性塑料棉签、含塑料微珠日化产品等开展执法工作。各地**工业和信息化部门**要会同相关部门按照当地政府部署要求，组织对辖区内涉及生产淘汰类塑料制品的企业进行产能摸排，引导相关企业及时做好生产调整等工作。

（二）加强对零售餐饮等领域禁限塑的监督管理。各地**商务等部门**要按照《固体废物污染环境防治法》要求，结合当地政府工作安排，加强对商品零售场所、外卖服务、各类展会活动等停止使用不可降解塑料袋等的监督管理。各地**商务、市场监管部门**要按照当地政府部署要求，推动集贸市场建立购物袋集中购销制度，进一步规范集贸市场塑料购物袋的销售和使用。各地**文化和旅游等部门**要按照当地政府部署要求，加强景区景点餐饮服务禁限塑的监督管理。**各地**要结合实际，明确餐饮行业禁限塑的具体监管部门并加强监督管理，引导督促相关企业做好产品替代并按照《意见》规定期限停止使用一次性塑料吸管和一次性塑料餐具。

（三）推进农膜治理。各地**农业农村部门**要加强与**供销合作社**协作，组织开展以旧换新、经营主体上交、专业化组织回收等，推进农膜生产者责任延伸制度试点，推进农膜回收示范县建设，健全废旧农膜回收利用体系。各地**农业农村部门**要会同相关部门对市场销售的农膜加强抽检抽查，将厚度小于 0.01 毫米的聚乙烯农用地膜、违规用于农田覆盖的包装类塑料薄膜等纳入农资打假行动。

（四）规范塑料废弃物收集和处置。各地**住房城乡建设部门**要结合实施生活垃圾分类，加大塑料废弃物分类收集和处理力度，推动将分拣成本高、不宜资源化利用的低值塑料废弃物进入生活垃圾焚烧发电厂进行能源化利用，减少塑料垃圾的填埋量。

（五）开展塑料垃圾专项清理。各地**住房城乡建设部门**要会同相关部门按时完成已排查出的规模较大的生活垃圾非正规堆放点整治任务。各地**农业农村部门**要组织开展农田残留地膜清理整治。沿海地区**生态环境部门**要牵头组织开展清洁海滩等行动。

三、强化日常监管和专项检查

（一）实施生态环境保护综合执法。各地**生态环境、工业和信息化、住房城乡建设、商务、文化和旅游等部门，**要按照《固体废物污染环境防治法》《关于深化生态环境保护综合行政执法改革的指导意见》《行政主管部门移送适用行政拘留环境违法案件暂行办法》等法律政策要求，做好日常监管；**各行业主管部门**要及时将涉塑料环境污染和生态破坏行为的线索移交**生态环境保护综合执法队伍，**由其依法立案查处。

（二）开展联合专项行动。8月底前，**各地**要对照本通知要求，启动商场超市、集贸市场、餐饮行业等重点领域禁限塑推进情况专项执法检查。年底前，**生态环境部、发展改革委**将会同**各相关部门**开展塑料污染治理督促检查联合专项行动，对各地实施方案制定、工作推进和监督执法情况进行部委联合督查，联合专项行动方案另行印发；视情将联合专项行动发现的塑料污染治理相关突出问题纳入中央生态环境保护督察范畴，强化督查问责。

四、加强宣传引导

各地、各部门要加强塑料污染治理宣传引导，通过政策图解、短视频等多种形式深入介绍各领域推进的时间表和路线图，组织相关媒体投放公益广告、宣传片等，进一步增加公众对塑料污染治理工作的认同和支持，扩大公众参与的积极性。及时总结、宣传、交流塑料污染治理的好经验、好做法。组织相关行业、企业发布联合倡议，进一步凝聚社会共识，营造全社会共同参与的良好氛围。同时，坚持问题导向，加大曝光力度，开展建设性舆论监督工作。

塑料污染治理专项工作机制将加强统筹指导和协同配合，形成工作合力，持续开展督促检查，对制定实施方案不及时、重点工作不落实的地方进行通报。

附件：相关塑料制品禁限管理细化标准（2020 年版）（略）

国家发展改革委
生态环境部
工业和信息化部
住房城乡建设部
农业农村部
商务部
文化和旅游部
市场监管总局
供销合作总社
2020 年 7 月 10 日

关于坚决杜绝“两薄”塑料制品流通的通知

（供销厅经字〔2020〕35号）

各省、自治区、直辖市及新疆生产建设兵团供销合作社，中国供销集团有限公司及相关成员企业，中国农业生产资料流通协会、中国再生资源回收利用协会：

加强塑料污染治理工作，事关人民群众健康，事关我国生态文明建设和高质量发展。习近平总书记高度重视塑料污染治理工作，多次作出重要批示。为深入贯彻落实党中央、国务院关于加强塑料污染治理工作的决策部署，积极落实国家发展改革委、生态环境部、农业农村部、商务部等有关部门推进塑料污染治理工作的具体安排，充分发挥供销合作社的行业优势，切实履行好参与塑料污染治理的部门职责，中华全国供销合作总社（以下简称总社）决定，在全系统开展坚决杜绝“两薄”塑料制品（厚度小于0.025毫米的超薄塑料购物袋和厚度小于0.01毫米的聚乙烯农用地膜）流通行动，现就有关事项通知如下：

一、提高政治站位，充分认识杜绝“两薄”塑料制品流通的重要意义

塑料在生产生活中应用广泛，是重要的基础材料。不规范生产、使用塑料制品和回收处置塑料废弃物，尤其是“两薄”塑料制品，会造成能源资源浪费和环境污染，加大资源环境压力。今年以来，国家发展改革委牵头连续下发了《关于进一步加强塑料污染治理的意见》（以下简称《意见》）和《关于扎实推进塑料污染治理工作的通知》（以下简称《通知》），对进一步加强塑料污染

治理工作进行全面部署，明确提出要依法查处生产、销售“两薄”塑料制品等行为。供销合作社作为城乡商品流通的重要力量，同时作为推进塑料污染治理的参与部门，禁止“两薄”塑料制品的生产、销售、流通责无旁贷。各级供销合作社要提高政治站位，从实施乡村振兴战略和加强生态文明建设的高度，切实增强责任感使命感，组织指导系统立即行动起来，采取有效措施，坚决杜绝“两薄”塑料制品通过供销合作社流通渠道进入市场，为塑料污染治理工作贡献供销力量。

二、落实经营主体责任，加强塑料购物袋使用管理

各级供销合作社要指导督促系统所属商场、超市、农产品批发市场、农贸市场等各类经营服务网点进一步落实主体责任，严格执行“限塑令”，实行塑料购物袋有偿使用制度，一律不得免费提供塑料购物袋；全面禁止销售使用厚度小于0.025毫米的超薄塑料购物袋。要严格落实《意见》和《通知》要求，到2020年底禁止销售使用一次性发泡塑料餐具、一次性塑料棉签；严格执行分地区、分阶段实施禁止、限制使用塑料制品等有关规定。

三、加强货源管理，做好高标准农用地膜供应

要发挥供销合作社农资流通主渠道作用，加强货源把控和管理，做好高标准农膜的生产、推广和销售，构建高标准农膜供应分销网络，不断带动提升高标准农膜市场占有率。系统农资流通企业严禁销售厚度小于0.01毫米的聚乙烯农用地膜，严防此类农用地膜通过供销合作社网络流入市场；农业服务公司、为农服务中心等各类农业社会化服务主体，严禁使用厚度小于0.01毫米的聚乙烯农用地膜。在重点覆膜区域，以大田托管等农业社会化服务为依托，结合农艺措施探索推广可降解地膜的应用。

四、发挥龙头企业示范带动作用，积极参与“两薄”塑料制品治理

系统内相关龙头企业要充分发挥示范引领和辐射带动作用，积极联合同业企业和产业链上下游企业，坚决禁止生产、销售和使用“两薄”塑料制品，参与推动塑料污染治理。中国供销集团要指导中国农业生产资料集团公司、新合作商贸连锁集团有限公司、中国供销农产品批发市场控股有限公司等成员企业，发挥全国龙头作用，率先积极组织开展系列行动，着力推进“两薄”塑料制品治理在系统内形成共识、形成声势。中国农业生产资料集团公司年底前要在重点区域开展高标准地膜推广系列活动，积极联合农膜生产、流通企业，探索主导发起成立农膜产业联盟，规范农膜生产企业行为，杜绝生产超薄地膜；新合作商贸连锁集团有限公司、中国供销农产品批发市场控股有限公司要在经营场所范围内开展宣传活动，提倡绿色购物，减少塑料购物袋的使用，坚决杜绝使用超薄塑料购物袋。中国供销集团相关成员企业和总社相关主管社团要结合塑料污染治理和农资打假等专项行动，在行业内开展禁用“两薄”塑料制品的倡议行动，推动形成全行业广泛认同、全社会共同推进塑料污染整治的良好格局。

五、加大宣传力度，营造共同参与的良好氛围

系统各类经营服务网点要大力宣传“两薄”塑料制品、一次性塑料制品的危害，引导消费者增强环保意识，抵制使用“两薄”产品，减少使用一次性塑料制品，推广使用环保布袋、纸袋等非塑制品和可降解购物袋，为进一步做好塑料污染治理营造良好氛围。中国农资流通协会、中国再生资源回收利用协会要创新方式，通过发出倡议、专业研讨等形式，凝聚行业共识，动员行业更加

关注、主动参与塑料污染治理特别是“两薄”产品的治理工作。中华合作时报社和系统内其他媒体单位要切实加强对塑料污染防治的宣传力度，围绕杜绝“两薄”塑料制品流通，广泛宣传报道系统好的经验做法，营造良好舆论氛围。

六、发挥系统综合服务优势，加快构建塑料废弃物回收利用体系

发挥供销合作社再生资源回收利用的传统主业优势，按照农村人居环境整治、“无废城市”建设试点等分工要求，以基层综合为农服务网点为载体，构建和完善塑料废弃物回收网络，规范回收流程，创新回收模式，运用先进技术，提高塑料废弃物回收率；以系统再生资源企业为抓手，推动构建和完善塑料废弃物加工和资源化利用体系建设，合理布局加工和资源化利用厂区，提升塑料废弃物资源化利用水平。中国再生资源回收利用协会充分发挥在服务再生资源回收企业、搭建政企桥梁方面的平台优势，积极倡导大力开展塑料废弃物回收利用，推广规范、高效的回收模式，努力争取相关政策支持。

七、强化组织领导，狠抓工作落实

各级供销合作社要把抓好在系统内禁用“两薄”塑料制品工作摆上重要议事日程，加强组织领导，成立工作专班，明确职责，加大推动力度，确保工作取得实效。要主动向当地党委政府汇报，加强与当地发展改革、生态环境、农业农村、商务等部门的沟通对接，积极参与到塑料污染治理的全局工作中来。要抓紧部署系统所属商场超市、农产品批发市场、农贸市场、农资流通企业、电商平台等经营服务主体，于10月底前开展一次“两薄”产品污染治理的专项自查，查找工作漏洞，抓好问题整改，建立长效机

制，确保工作不留盲区、死角。

请中国农业生产资料集团公司、新合作商贸连锁集团有限公司、中国供销农产品批发市场控股有限公司和各省级供销合作社、中国农资流通协会、中国再生资源回收利用协会结合自身实际，积极推进相关工作，分别于10月30日和11月30日前，将有关工作落实推进情况报送总社经济发展与改革部。总社将以适当方式对各地区、各单位杜绝“两薄”塑料制品流通的经验做法进行通报。

中华全国供销合作总社办公厅

2020年9月16日

农用薄膜行业规范条件（2017年本）

为促进农用薄膜（以下简称农膜）行业结构调整和产业升级，规范农膜行业生产经营和投资行为，加强产品质量保障，推进节能减排清洁生产，加强环境保护，提高资源综合利用效率，依据国家有关法律、法规和产业政策，制定本规范条件。

一、企业布局

（一）农膜企业建设地点应当符合国家产业规划和产业政策，符合本地区城乡建设规划、生态环境规划、土地利用总体规划要求和用地标准。

（二）在国务院、国家有关部门和省（自治区、直辖市）级人民政府规定的自然保护区、永久基本农田保护区、风景名胜区、饮用水保护区和主要河流两岸边界外规定范围内不得新建改扩建农膜生产项目。

（三）鼓励符合建设规划的现有企业及新建改扩建农膜生产项目，在工业园区内集中建设。

二、企业生产条件

（四）新建改扩建项目形成的农膜生产能力不低于10000吨/年，现有农膜企业达不到上述要求的，要加速发展，鼓励扩大中高端农膜产品的产能和产量，逐步减少低端普通农膜产品的产量。

（五）农膜吨制品耗电量不超过500千瓦时、耗水量不超过1立方米。

（六）鼓励现有农膜生产企业加大科技创新和技术改造投入，

逐步实现研发等投入不低于企业销售收入2%的目标。

三、生产工艺和装备

（七）生产工艺要符合质量保证体系工艺文件要求，采用成熟的生产技术，满足农膜产品质量达到国家及行业标准的要求。

（八）棚膜、功能性地膜生产企业应具备生产功能性母料的能力，或得到其他能够生产功能性母料企业的技术或者产品支持。配备物料混配设备，能确保生产原料（主、辅料）均匀混合。

（九）拥有完善的检测手段和检测设备，配备的产品质量检测设备包括：直尺、卷尺、千分尺、测厚仪、拉力机、熔融指数测试仪、快速流滴实验仪、水分含量测试仪等。

（十）鼓励企业推广使用智能化设备和数字化生产线，采用技术先进、节能节水环保的生产装置，实现主要工艺参数的在线检测和自动化控制。禁止使用国家明确规定的淘汰类落后设备和工艺，禁止使用达不到节能环保要求的二手设备。

四、质量与管理

（十一）企业应设立独立质量检验机构，配备专职质检人员，建立健全质量检验管理制度。鼓励企业配备质量工程师。

（十二）农膜生产企业要健全企业管理制度，鼓励企业进行ISO 9000质量管理体系、ISO 14000环境管理体系认证，支持企业采用信息化管理手段提高企业管理效率和水平。企业要加强生产现场管理，鼓励推行5S管理，确保车间干净整洁。

（十三）不得以劣质再生塑料为原料生产农膜产品，产品质量符合国家及行业标准，出厂产品合格率达到100%。

（十四）鼓励企业开发生产功能化、智能化、绿色化、长寿命及按需定制的农膜制品，产品要符合保障人体健康和保护生态环境要求。

（十五）新产品应由企业或企业委托有关部门进行两年以上的多点田间应用试验，达到国家标准后方可大面积推广应用。

五、环境保护和资源节约综合利用

（十六）新建、改扩建项目要严格执行《中华人民共和国环境影响评价法》，依法向有审批权的环境保护行政主管部门报批环境影响评价文件。建设项目严格执行环境保护“三同时”制度，并按规定程序实施竣工环境保护验收。

（十七）严格贯彻保护耕地和节约集约用地的政策规定，用地规模和土地利用强度必须达到土地使用相关标准的规定。

（十八）污染物排放要符合国家和地方污染物排放（控制）标准，依法依规在规定时限内申领并取得排污许可证，新建、改扩建项目必须符合《中华人民共和国固体废物污染环境防治法》及相关法律法规规定。

（十九）农膜生产企业要采用清洁生产技术，生产用水做到循环使用，提高资源利用效率，从生产源头控制污染物产生量。

（二十）鼓励企业绿色循环低碳发展，开展废旧农膜回收与加工利用，研发生产推广生物降解农膜等绿色制品，废次品回收利用装置符合《中华人民共和国环境保护法》有关要求。

六、安全生产与职业健康

（二十一）严格遵守《中华人民共和国安全生产法》《中华人民共和国职业病防治法》，认真执行保障安全生产和职业健康的国家标准或行业标准，做好生产安全事故和职业病预防工作。

（二十二）严格按照国家相关法律法规及标准的要求，建立健全安全生产责任制，推进安全生产标准化建设，落实安全生产风险管控和隐患排查治理制度。

（二十三）新建、改扩建工程项目的安全设施和职业病防护设施投资应当纳入建设项目概算，安全设施和职业病防护设施要按照法律法规要求与主体工程同时设计、同时施工、同时投入生产和使用。

（二十四）应配备必要的劳动防护用品和防护设施，工作场所的有害气体、粉尘浓度、噪声等，应具备相应处理措施及设施，指标不得超过国家规定的标准。

（二十五）企业应承担对政府、利益相关方和消费者的责任，成为绿色制造的主体，落实节能环保社会责任，鼓励企业开展信息公开。

七、劳动者权益保障

（二十六）企业应认真遵守劳动保障法律法规，切实保障劳动者合法权益。

（二十七）依法与劳动者签订劳动合同，严格遵守国家关于工资支付、工作时间和休息休假等规定，不克扣或无故拖欠劳动者工资，依法为劳动者按时足额缴纳社会保险费和住房公积金。

（二十八）禁止使用童工，认真执行女职工和未成年工特殊劳动保护规定。

八、监督与管理

（二十九）国家有关职能部门要依法加强对农膜生产企业的监督检查，对于违反有关法律法规规定的，由有关部门责令其限期整改，并依法进行处罚。

（三十）各级工业和信息化主管部门要加强对农膜行业的管

理，企业参照本规范条件落实有关要求。

（三十一）充分发挥行业协会的专业优势，积极宣传国家产业政策，加强行业指导和行业自律，推进农膜行业技术进步，协助国家相关职能部门做好行业监督、管理工作。

九、附则

（三十二）本规范条件适用于中华人民共和国境内（除港、澳、台地区）所有生产农膜产品的企业。

（三十三）本规范条件由工业和信息化部负责解释。

（三十四）本规范条件自 2018 年 3 月 1 日起实施。2009 年 12 月 17 日公布的《农用薄膜行业准入条件》（工消费〔2009〕第 73 号）同时废止。

新疆维吾尔自治区农田地膜管理条例

第一条 为了保护农业生态环境，防治农业面源污染，科学管理农田地膜，确保农业生产安全，根据《中华人民共和国农业法》《中华人民共和国环境保护法》和有关法律、法规，结合自治区实际，制定本条例。

第二条 自治区行政区域内农田地膜的生产、销售、使用、回收利用及其监督管理，适用本条例。但依法签订合同，生产、销往本行政区域之外的农田地膜除外。

第三条 本条例所称农田地膜，是指厚度大于 0.01 毫米、耐候期大于 180 天，产品的其他指标、参数符合国家规定质量标准的聚乙烯吹塑农田地面覆盖薄膜。

禁止生产、销售和使用不符合本条前款规定的农田地膜。

第四条 农田地膜管理应当坚持以下原则：

（一）政府推动、政策引导、公众参与、依法管理；

（二）标准化、减量化、资源化、无污染；

（三）谁污染谁治理，谁受益谁治理；

（四）保护优先，预防为主，综合治理。

第五条 县级以上人民政府组织建立农田地膜管理工作协调机制，将废旧农田地膜污染防治纳入环境保护目标绩效考核体系，并在本级财政预算中安排资金，对农田地膜的使用、新产品的研发、废旧农田地膜回收利用以及污染防治等给予扶持。

第六条 县级以上人民政府，应当鼓励生产企业进行科技创新，采用新技术、新材料生产可降解、无污染的农田地膜；鼓励销售企业和农田地膜使用者、农业生产经营组织销售和使用可降解、无污染的农田地膜，并逐步推广。

前款所指可降解、无污染农田地膜为非聚乙烯吹塑农田地面覆盖薄膜。

第七条 县级以上人民政府农业主管部门负责本行政区域内的农田地膜使用和废旧农田地膜回收利用及其污染防治监督管理工作。

县级以上人民政府财政、发展和改革、经济和信息化、科技、环境保护、质量技术监督、商务、工商行政管理、水利、供销等部门在各自职责范围内，负责农田地膜管理相关工作。

乡（镇）人民政府协同有关部门履行农田地膜管理职责。

第八条 县级以上人民政府农业主管部门应当会同商务、供销等部门，按照统筹规划、总量控制、交售方便、绿色环保的要求，合理布局本行政区域内废旧农田地膜回收网点。

第九条 乡（镇）人民政府应当指导、督促村民委员会，组织农田地膜使用者、农业生产经营组织回收和交售废旧农田地膜，提高废旧农田地膜回收率。

第十条 县级以上人民政府农业、质量技术监督、商务、工商行政管理等部门应当按照各自职责，采取定期检查、联合检查等方式，加强对农田地膜生产、销售、使用和废旧农田地膜回收利用等情况的监督检查。

第十一条 县级以上人民政府农业主管部门应当定期监测、科学评估农田地膜使用及其污染情况，加强污染预警，会同有关部门采取措施，防治农业面源污染，并向本级人民政府报告。

第十二条 县级以上人民政府农业主管部门及其农业技术推广服务机构、农业技术人员应当定期开展农田地膜污染防治宣传工作，通过培训引导农田地膜使用者和农业生产经营组织，采用有利于回收的覆膜方式以及适期揭膜等新技术，科学降低农田地膜覆盖度，减少农田地膜使用量，提高农田地膜回收率，降低农业生态环境污染。

第十三条 农田地膜使用者、农业生产经营组织应当保护和保养耕地，及时回收废旧农田地膜，防止农用地污染。

对农田地膜使用者、农业生产经营组织购置符合标准的揭膜、拾膜农用机械设备的，县级以上人民政府应当给予农机购置补贴。

第十四条 农田地膜使用者、农业生产经营组织和回收企业，不得弃置、掩埋或者焚烧废旧农田地膜。

第十五条 回收企业应当采用资源利用率高、污染排放量少的工艺、设备，加工利用废旧农田地膜，促进废旧农田地膜综合利用和无害化处理。

第十六条 生产、销售农田地膜的企业或者回收企业，开展农田地膜以及废旧农田地膜污染防治科学技术研究、开发、示范和推广使用的，同等条件下，县级以上人民政府应当优先给开展废旧农田地膜回收的企业安排农业技术推广项目、创业投资引导基金。

县级以上人民政府对回收企业，应当给予用地、用电、用水、用气、信贷等方面优惠或者资金补贴；同等条件下，政府应当优先采购回收企业生产的产品。

县级以上人民政府鼓励销售企业采取以销定收、包片回收、以旧换新等方式促进废旧农田地膜回收再利用，并采取以奖代补、贷款担保、贷款贴息等方式予以扶持。

任何企业不得以虚报、冒领手段骗取补贴等财政资金。

禁止财政资金补贴挪作他用。

第十七条 回收企业应当与县级以上农业主管部门签订废旧农田地膜回收、资源化利用责任书，并应当定期向社会公布废旧农田地膜最低回收标准、价格、回收量及以旧换新方案。

第十八条 农田地膜生产、销售企业和农业生产经营组织、农田地膜使用者，负有回收废旧农田地膜的责任。

农业生产经营组织、农田地膜使用者分别按经营地使用农田地膜数量回收全部废旧农田地膜，并交到回收企业设立的回收网点；回收企业应当将回收网点的废旧农田地膜全部资源化利用。

第十九条 任何单位和个人都有权举报违反本条例规定的行为。县级以上人民政府质量技术监督、工商行政管理、农业主管部门应当按职责受理举报，及时调查处理，并予以答复。对已核实的违法行为，受理部门应当视情况对举报者给予奖励。

第二十条 县级以上人民政府农业主管部门，对生产、销售、使用和废旧农田地膜回收利用等场所进行检查，调查了解有关情况；质量技术监督、工商行政管理等部门依法对生产、销售、使用不符合本条例第三条第一款规定的农田地膜进行查封、扣押。

第二十一条 农田地膜使用者、农业生产经营组织使用不符合本条例规定标准的农田地膜或者未回收废旧农田地膜的，由县级以上人民政府农业主管部门责令限期改正；逾期未改正的，不得享受有关农田地膜的优惠政策。

第二十二条 违反本条例第三条第二款规定，生产、销售不符合规定农田地膜的，分别由县级以上人民政府质量技术监督、工商行政管理部门按照各自职责，责令停止生产、销售，没收违法生产、销售的农田地膜，并处违法生产、销售的农田地膜（包括已售出和未售出的农田地膜）货值金额等值以上三倍以下的罚款；有违法所得的，并处没收违法所得；情节严重的，依法吊销营业执照；构成犯罪的，依法追究刑事责任。

第二十三条 违反本条例第十四条规定，农田地膜使用者、农业生产经营组织或者回收企业弃置、掩埋废旧农田地膜的，由县级以上人民政府农业主管部门责令限期改正；逾期未改正的，对农田地膜使用者处一百元以上一千元以下罚款；对农业生产经营组织处一千元以上一万元以下的罚款；对回收企业处三千元以上三万元以下罚款。

焚烧废旧农田地膜的，按照前款规定处以罚款。

第二十四条 违反本条例第十六条第四款、第五款规定，以虚报、冒领手段骗取补贴等财政资金或者挪作他用的，依照国家有关规定予以处罚。

第二十五条 违反本条例第十八条规定，未履行回收废旧农田地膜责任，或未按要求回收，或回收后未交到指定回收网点，或者未将回收的废旧农田地膜全部资源化利用的，由县级以上人民政府农业主管部门对农田地膜使用者处三百元以上三千元以下的罚款；对农业生产经营组织处三千元以上三万元以下的罚款；对回收企业处五千元以上五万元以下的罚款。

第二十六条 在农田地膜管理工作中，县级以上人民政府农业主管部门、有关主管部门及其工作人员违反本条例规定，有下列行为之一的，由其主管部门或者行政监察机关对主管人员和其他直接责任人员依法给予行政处分；给当事人造成损害的，依法给予赔偿；构成犯罪的，依法追究刑事责任。

（一）对违反本条例规定应当受到处罚的行为未进行处罚的；

（二）对依照本条例应当给予奖励或财政资金补贴未兑现的；

（三）因疏于管理致使财政资金补贴被挪作他用的；

（四）扣压、销毁举报信件或者向被举报人透露举报内容的；

（五）利用行政强制措施为单位或者个人谋取利益的；

（六）其他未依法履行职责、滥用职权、玩忽职守、徇私舞弊的。

第二十七条 本条例用语的含义：

农田地膜使用者，是指在经营地使用农田地面覆盖薄膜的农民或相关人员。

农业生产经营组织，是指农村集体经济组织、农民专业合作经济组织、农业企业和其他从事农业生产经营的组织。

回收企业，是指申请废旧农田地膜回收利用财政补贴的企业。

可降解农田地膜，是指利用自然界的微生物和光的照射作用发生化学反应后，引起外观霉变到内在质量变化，最终形成二氧化碳和水等自然界常见形态的化合物。

无污染农田地膜，是指对土壤、水质、大气等未造成危害的农田地面覆盖薄膜。

第二十八条 违反本条例规定，应当承担法律责任的其他行为，依照有关法律、法规的规定执行。

第二十九条 本条例自2016年5月1日起施行。

甘肃省废旧农膜回收利用条例

甘肃省人民代表大会常务委员会公告

（第58号 2021年3月31日）

第一条 为了防治农膜污染，推进农膜科学使用和废旧农膜回收利用，保护和改善农业生态环境，促进农业绿色高质量发展，根据《中华人民共和国土壤污染防治法》《中华人民共和国固体废物污染环境防治法》等有关法律、行政法规，结合本省实际，制定本条例。

第二条 本省行政区域内废旧农膜的回收利用及其相关活动，适用本条例。

国家对农膜生产、销售、使用和回收利用已有规定的，从其规定。

本条例所称农膜，是指用于农业生产的地面覆盖薄膜和棚膜。废旧农膜，是指在农业生产过程中废弃不用或者残留的农膜。

第三条 废旧农膜回收利用实行政府扶持引导、企业市场运作、公众广泛参与、资源循环利用的原则。

第四条 县级以上人民政府负责本行政区域废旧农膜的污染防治，实行废旧农膜回收利用污染防治环境保护目标责任制，将废旧农膜回收利用所需经费纳入本级财政预算，加强废旧农膜回收利用体系建设，扶持企业、其他组织和个人回收利用废旧农膜。

第五条 县级以上人民政府农业农村主管部门负责农膜使用、废旧农膜回收利用监督管理工作。其主要职责是：

（一）组织开展农膜污染防治宣传教育；

（二）指导科学合理使用农膜；

（三）指导废旧农膜回收利用体系建设，开展废旧农膜回收利用技术的引进、试验、示范、推广服务；

（四）会同有关部门做好废旧农膜回收利用资金及其他补助资金的申报和使用管理；

（五）建立农膜残留监测制度，开展农膜残留监测；

（六）负责废旧农膜回收利用工作的监督检查，依法对未及时回收废旧农膜的违法行为进行查处。

县级以上人民政府农业农村主管部门所属农业生态与资源保护机构负责废旧农膜回收利用的具体工作。

第六条 县级以上人民政府财政部门负责废旧农膜回收利用的资金筹措、预算编制和资金管理；发展改革部门负责将废旧农膜回收利用工作纳入循环经济发展规划，并给予项目和资金方面的支持。

县级以上人民政府工信、生态环境、市场监管等部门，按照各自职责，做好废旧农膜回收利用的相关工作。

第七条 乡（镇）人民政府负责本辖区内废旧农膜回收利用的组织、宣传和监督管理工作。

村民委员会协助乡（镇）人民政府组织、督促农膜使用者捡拾废旧农膜，为设立废旧农膜回收网点和开展废旧农膜回收提供便利。

第八条 县级以上人民政府应当鼓励生产、销售和使用全生物降解农膜，推广覆盖使用时间等指标符合本省农业生产实际的农用地面覆盖薄膜和厚度大于0.12毫米的农用棚膜，推进农膜覆盖技术合理应用，逐步减少农膜用量。

农业技术推广机构应当引导农膜使用者科学使用农膜，推广废旧农膜机械回收技术。

第九条 禁止生产、销售和使用厚度小于0.01毫米或者其他指标不符合强制性国家标准的农用地面覆盖薄膜。

第十条 农膜生产者应当执行国家农膜行业规范和相关标准，在农膜产品上标注使用期限和可辨识的企业标识。建立规范的农膜产品生产、出厂销售台账，并至少保存两年。

农膜销售者不得采购和销售未达到强制性国家标准的农膜，不得将非农用薄膜销售给农膜使用者。建立规范的农膜销售台账，并至少保存两年。

农膜使用者应当按照产品标注的使用期限使用农膜。使用农膜的企业、农民专业合作社等农业生产经营组织应当建立规范的农膜使用台账，并至少保存两年。

第十一条 农膜生产者、销售者应当依法及时回收废旧农膜。

农膜使用者应当在农膜使用期限到期前捡拾废旧农膜，及时交至回收企业或者网点。不得随意弃置、掩埋或者焚烧废旧农膜。

第十二条 鼓励农膜生产者、销售者及其他组织和个人设立废旧农膜回收网点，开展废旧农膜回收与资源化利用。

第十三条 废旧农膜回收利用企业和回收网点，应当建立规范的回收台账，并至少保存两年。

废旧农膜回收利用企业应当研究开发废旧农膜再生加工技术，减少废弃物排放量，防止对环境造成二次污染。

第十四条 申请废旧农膜回收利用财政补贴的企业，应当与县级农业生态与资源保护机构签订包片回收责任书。经考核验收达到责任书约定标准的，享受废旧农膜回收利用财政补贴。

第十五条 县级以上人民政府对从事废旧农膜回收利用的企业，用以奖代补等方式予以扶持，并依据国家和本省有关规定支持企业享受用地、用电、用水、信贷等优惠政策。

县级以上人民政府应当将废旧农膜回收机械纳入农机具购置补贴范围。

第十六条 县级以上人民政府农业农村主管部门可以依法对农膜生产、销售、使用和废旧农膜回收利用场所进行检查；市场监管部门依法对生产、销售不符合质量技术标准的农膜或者废旧农膜再生产品进行查封、扣押；生态环境主管部门依法对农膜回收、再利用过程中造成环境污染的行为予以查处。

第十七条 违反本条例规定，农膜生产者、销售者未建立规范销售台账的，由县级以上人民政府市场监管部门依法进行查处。

违反本条例规定，使用农膜的企业、农民专业合作社等农业生产经营组织未建立规范使用台账的，由县级以上人民政府农业农村主管部门责令限期改正。

违反本条例规定，废旧农膜回收利用企业和回收网点未建立规范回收台账的，由县级以上人民政府农业农村主管部门责令限期改正。

第十八条 违反本条例规定，生产、销售厚度小于0.01毫米或者其他指标不符合强制性国家标准农用地面覆盖薄膜的，由县级以上人民政府市场监管部门责令停止生产、销售，没收违法生产、销售的产品，并处违法生产、销售产品（包括已售出和未售出的产品）货值金额等值以上三倍以下的罚款；有违法所得的，并处没收违法所得；情节严重的，吊销营业执照。

第十九条 违反本条例规定，在农业生产过程中使用厚度小于0.01毫米或者其他指标不符合强制性国家标准农用地面覆盖薄膜的，由县级以上人民政府农业农村主管部门责令限期改正。

第二十条 违反本条例规定，农膜生产者、销售者、使用者不按规定及时回收废旧农膜的，由县级以上人民政府农业农村主管部门责令改正，处一万元以上十万元以下的罚款；农膜使用者为个人，在农田或者其他农业用地随意弃置、掩埋或者焚烧废旧农膜的，可以处二百元以上二千元以下的罚款。

第二十一条 违反本条例规定，对伪造台账、虚报数量、套取财政补贴资金的废旧农膜回收利用企业，由县级以上人民政府农业农村主管部门会同财政部门追回财政补贴资金，并处以所套取财政补贴资金额一至三倍的罚款；构成犯罪的，依法追究刑事责任。

第二十二条 公职人员在废旧农膜回收利用工作中玩忽职守、滥用职权、徇私舞弊的，依法给予处分；构成犯罪的，依法追究刑事责任。

第二十三条 法律、行政法规对废旧农膜回收利用违法行为已有处罚规定的，依照其规定执行。

第二十四条 本条例自 2021 年 5 月 1 日起施行。

重庆市废弃农膜回收利用管理办法（试行）

第一章　总　则

第一条　为切实减少农业面源污染，保护农业生态环境，促进农业可持续发展，加快推进全市废弃农膜回收利用工作，根据《中华人民共和国土壤污染防治法》和《重庆市污染防治攻坚战实施方案（2018—2020年）》《重庆市人民政府关于印发重庆市贯彻落实土壤污染防治行动计划工作方案的通知》（渝府发〔2016〕50号）等精神，制定本办法。

第二条　在本市行政区域从事废弃农膜回收利用活动并享受财政资金补助的企业，应当遵守本办法。

第三条　废弃农膜是指废弃农用地膜（含烟草种植用膜）和农用棚膜，以及种子、肥料、饲料塑料包装袋，聚乙烯育秧盆、营养杯、聚乙烯滴灌管、水带等。

第四条　废弃农膜回收利用遵循“政府主导、市场运作、企业主体、公众参与、以奖代补”的原则。

第五条　当年废弃农膜回收利用目标任务，依据全市上一年度农膜使用量和当年回收率等因素确定。

第六条　市、区县（自治县）和万盛经开区（以下统称区县）应当加强对废弃农膜回收利用工作的组织、领导和协调，将废弃农膜回收利用所需经费纳入本级财政预算。

第七条　市供销合作社会同市级有关部门按照职责分工，共同做好全市废弃农膜回收利用工作。各区县废弃农膜回收利用牵头部门会同有关部门按照职责分工，共同做好本行政区域的废弃农膜回收利用工作。

市供销合作社负责指导区县废弃农膜回收利用网络体系建设，加强农膜应用和残留污染基础数据统计，下达回收利用年度目标任务，督促、收集、报送、通报废弃农膜回收利用实施进展情况，组织对回收利用推广任务完成情况开展督查和绩效评估，加强市级有关部门间工作协调配合等。

市农业农村委、市科技局、市烟草局负责引导农户（含烟农）和各类新型农业经营主体科学使用农膜，并及时捡拾交售所产生的废弃农膜，严禁随意弃置、掩埋或焚烧。

市市场监管局、市公安局、市农业农村委、市经济信息委负责加大农膜市场监管与执法力度，禁止生产销售不符合国家标准、行业标准的农用地膜和棚膜，依法查处违法生产销售不合格农膜行为。

市生态环境局负责监督指导废弃农膜利用加工企业建设。

市财政局负责废弃农膜回收利用财政资金预算管理，下达资金预算，开展财政资金监督检查。

市发展改革委、市科技局、市生态环境局、市农业农村委配合市供销合作社开展废弃农膜回收利用监督检查等工作。

第八条 各区县废弃农膜回收利用牵头部门会同本区县宣传部门和乡镇政府、街道办事处采取挂图、视频、科普读物，通过电视、广播、微信、公众号等形式，进村入户对废弃农膜污染危害进行深入宣传，提高公众对废弃农膜回收利用的意识和能力，推广加厚和可降解地膜，普及土壤污染防治相关知识，营造废弃农膜回收利用浓厚氛围。

第二章 回收利用体系建设

第九条 建立“村、乡镇（街道）回收转运—区县集中分拣贮运—区域性加工”模式，构建销售、回收、利用、推广为一体的废弃农膜回收利用网络体系。到 2020 年实现全市废弃农膜回收率达到80%以上。

第十条 废弃农膜回收网点和贮运中心布局，应与乡镇（街道）基层供销合作社、农资经营、庄稼医院、农村社区综合服务社、场镇再生资源回收网点相结合。到2020年实现每个赶集场镇至少设有1个回收点（站），每个区县（渝中区除外）至少建成1个贮运中心。

第十一条 废弃农膜回收采取现金收购、以旧换新、以物易物等方式。做到明码标价，回收标准制度上墙，开收据建台账，店面整洁、堆放规范、及时转运。

第十二条 区县各乡镇（街道）、村组落实专人督导废弃农膜回收工作。村组督导员与乡镇（街道）签订包片回收责任书，经考核合格的，享受财政资金补助。安排村组督导员时，应首先安排能够胜任工作的贫困户。

第十三条 本着节约运输费用和价格优先原则，废弃农膜利用加工采取就近按区域集中加工。鼓励现有的加工企业升级改造扩大产能，在加工空白区县新建加工企业，避免二次污染。

第十四条 回收加工企业由区县废弃农膜回收利用牵头部门依法依规、公平竞争选择确定，并报市供销合作社备案。

第十五条 回收企业应具备以下基本条件：

（一）在市内具备合法再生资源回收经营资格及独立承担民事责任的能力；

（二）在承担任务的区县域内有较为完善的回收网络；

（三）具有完善的企业管理制度；

（四）具备与回收规模相适应的分拣贮运能力；

（五）近3年内未被列入严重违法失信企业名单；

（六）法律法规规章规定的其他条件。

第十六条 加工企业应具备以下基本条件：

（一）在市内具备合法塑料加工经营资格及独立承担民事责任的能力；

（二）取得本市排放污染物许可证资质；

（三）具有完善的生产、安全、仓储管理制度；

（四）年加工能力至少能满足当地区县的回收量；

（五）近3年内未被列入严重违法失信企业名单；

（六）法律法规规章规定的其他条件。

第十七条 回收加工企业应履行以下义务：

（一）诚信守法经营，财务制度健全、账务处理规范；

（二）根据承担的任务量，制定回收加工细化实施方案；

（三）公平交易，不得故意压低收购价格，无正当理由不得拒收；

（四）按时报送进度和台账，做到账账相符、账实相符；

（五）建立健全回收加工档案资料和佐证材料，保存期不低于5年；

（六）积极配合验收，主动提供相关台账单据、证明材料等。

第十八条 回收加工企业与当地区县废弃农膜回收利用牵头部门签订回收加工协议，约定年度目标任务量、推进进度、验收、资金补助标准、违约责任等事项。

第三章 监督管理

第十九条 废弃农膜回收利用实行台账管理和月报、季度通报制度。回收加工企业于每月20日前向所在区县废弃农膜回收利用牵头部门报送进度报表，区县汇总后于当月23日前报市供销合作社；市供销合作社于当月25日前向市生态环境局、市农业农村委报送全市进度报表；每季度结束后10个工作日内，通报全市完成季度目标任务情况。

第二十条 建立市、区县废弃农膜回收利用目标责任制、市场交易结算制、回收加工可溯源制等，促进回收利用制度化、规范化。

第二十一条 区县每季度组织不定期检查，市供销合作社会同市级有关部门组成联合工作组对目标任务完成情况开展督查。

第二十二条 将各类新型农业经营主体依法依规及时捡拾交售其生产过程中所产生的废弃农膜，作为安排农业项目资金的必要条件之一。

第二十三条 废弃农膜回收加工企业依法纳入“信用重庆”体系。规范回收加工交易结算程序，防止伪造台账、虚报数量和回收加工市外废弃农膜骗取财政补助资金。

第二十四条 加强农用地膜应用和残留污染的基础数据管理，建立地膜污染监测网络，开展地膜残留调查和回收利用率测算，构建底数清楚、可溯源的大数据综合管理平台。

第四章 资金政策支持

第二十五条 市级财政资金主要补助回收企业回收网点、贮运中心建设，劳务、运输，加工企业环保排放（技改）、基础设施建设等费用；区县财政资金主要补贴废弃农膜回收利用宣传培训和推广加厚、可降解地膜，及村组督导员等费用。

第二十六条 市级财政资金补助金额根据第三方机构对回收利用目标任务完成情况进行专项审计评估后确定；区县财政资金补助金额由区县废弃农膜回收利用牵头部门会同财政等部门确定。

第二十七条 将废弃农膜回收利用纳入循环经济规划，由市级有关部门在项目建设、回收利用技术研发和推广方面给予资金支持。

第二十八条 市、区县废弃农膜回收利用牵头部门会同有关部门研究制定落实支持用地、用电、用水、信贷等优惠政策，扶持从事废弃农膜再利用加工的社会组织和企业；依法依规落实国家环境保护、资源综合利用方面的税收优惠政策。

第二十九条 对废弃农膜回收利用管理规范、效果显著的区县，在市级财政补助资金安排上给予倾斜。

第五章 法律责任

第三十条 回收加工企业有下列情形之一的，由市供销合作社会同有关部门取消其回收加工资格、扣减补助资金，并承担相应的法律责任：

（一）无正当理由拒收废弃农膜和故意压低收购格的；

（二）台账、账务档案、佐证材料不健全的；

（三）伪造台账报送虚假数据，与事实不符的；

（四）回收加工市外废弃农膜套取财政补助资金的；

（五）恶意串通第三方机构出具虚假报告骗取财政补助资金的。

第三十一条 负责废弃农膜财政资金管理的部门、单位及工作人员，在资金分配、审批、拨付、管理中存在违法违纪行为的，按照“谁审批、谁负责”的原则，依照相关法律法规规定严肃追责。具体使用补助资金的单位、组织或个人存在骗取、截留、挪用等行为的，由财政部门或主管部门追回补助资金，并视情节移送纪检监察机关处理；涉嫌犯罪的，移送司法机关依法追究刑事责任。

第六章 附 则

第三十二条 各区县可根据本办法，结合实际制定本区县废弃农膜回收利用管理办法。

广西农用薄膜管理办法

（桂农厅规〔2020〕11号）

第一章 总 则

第一条 为了防治农用薄膜污染，加强农用薄膜监督管理，保护和改善农业生态环境，促进农业可持续发展，根据《中华人民共和国土壤污染防治法》《中华人民共和国固体废物污染环境防治法》《广西壮族自治区乡村清洁条例》《农用薄膜管理办法》等法律、法规及规章，制定本办法。

第二条 本办法所称农用薄膜，是指用于农业生产的地面覆盖薄膜和棚膜。

第三条 在广西壮族自治区行政区域内从事农用薄膜的生产、销售、使用、回收、再利用及其监督管理适用本办法。

第四条 地方各级人民政府根据当地实际，统筹各方力量，依法对本行政区域农用薄膜污染防治负责，组织、协调、督促有关部门依法履行农用薄膜污染防治监督管理职责。县级以上农业农村、工业和信息化、市场监管、生态环境行政主管部门依照《农用薄膜管理办法》规定的职责依法依规履职履责。

县级以上人民政府糖业行政主管部门负责糖料作物农用薄膜使用、回收监督管理工作，指导糖料作物生产者科学使用农用薄膜。

县级以上人民政府发展改革、自然资源、住房城乡建设、交通运输、商务、卫生健康、文化和旅游等部门及供销合作社在各自职责范围内负责农用薄膜污染防治的监督管理工作。

第五条 禁止生产、销售、使用国家明令禁止或者未达到强制性国家标准的农用薄膜。鼓励和支持生产、推广、使用全生物降解农用薄膜。

第二章 生产和销售

第六条 农用薄膜生产者应当落实国家和自治区关于农用薄膜行业规范的要求，执行农用薄膜相关标准。鼓励企业执行严于国家标准的企业标准，提升产品质量。

第七条 农用薄膜生产者应当依法建立农用薄膜出厂销售记录制度，如实记录农用薄膜的名称、规格、数量、生产日期和批号、产品质量检验信息、购货人名称及其联系方式、销售日期等内容。农用薄膜出厂销售记录应当至少保存两年。

第八条 出厂销售的农用薄膜产品应当依法附具产品质量检验合格证、标明推荐使用期限等内容的标签。

农用薄膜生产者应当在每卷地膜、每延米棚膜上添加可辨识的企业标识、便于产品追溯和市场监管。

农用薄膜应当在合格证明显位置标注“使用后请回收利用，减少环境污染”中文字样。全生物降解农用薄膜应当在合格证明显位置标注“全生物降解薄膜，注意使用条件”中文字样。

第九条 农用薄膜销售者应当查验农用薄膜产品的包装、标签、产品质量检验合格证，不得采购和销售未达到强制性国家标准的农用薄膜。

农用薄膜销售者应当依法建立销售台账，如实记录农用薄膜的名称、规格、数量、生产者、生产日期、供货人名称及其联系方式、进货日期、购买人、销售日期等内容。销售台账应当至少保存两年。

第三章 使　用

第十条 农用薄膜使用者不得使用未达到强制性国家标准的

农用薄膜，应当按照产品标签标注的期限使用农用薄膜。

第十一条 农业生产企业、农民专业合作社等使用者应当依法建立农用薄膜使用记录，如实记录使用农用薄膜的时间、地点、对象以及农用薄膜名称、用量、生产者等。农用薄膜使用记录应当至少保存两年。

第十二条 县级以上农业农村及糖业行政主管部门应当采取措施，加强农用薄膜科学使用技术普及，开展农用薄膜适宜性覆盖评价，鼓励农用薄膜覆盖替代技术和产品的研发与示范推广，为农用薄膜使用者提供技术指导和服务，提高农用薄膜科学使用水平。

第十三条 鼓励科研单位、院校、农民专业合作社、供销合作社、农业社会化服务组织和专业人员等为农用薄膜使用者提供技术服务。

第四章 回收和再利用

第十四条 按照“谁生产谁处理、谁销售谁回收、谁使用谁捡拾”的原则，建立政府扶持引导、多方参与的农用薄膜回收、处理和再利用机制。

县级人民政府应根据当地实际情况，以节约投资和充分利用现有资源、现有体系、现有渠道为原则，结合实施生活垃圾分类，将废旧农用薄膜回收处理与生活塑料废弃物一并进行分类回收处理，推动废旧农用薄膜资源化或无害化处理。

第十五条 农用薄膜生产者或其委托的销售者、再利用企业、回收网点或者其他组织负责对其生产产生的废旧农用薄膜进行回收，及时交由专门的机构或者组织进行资源化或无害化处理。

第十六条 农用薄膜销售者负责履行其经销对象产生的废旧

农用薄膜的回收义务，并将回收废旧农用薄膜交回该膜生产者或者专门的回收机构处理。

第十七条 农用薄膜使用者应当在使用期限到期前捡拾田间的非全生物降解农用薄膜废弃物，及时交至其采购点、回收网点或回收工作者，不得随意弃置、掩埋或者焚烧。

第十八条 地方各级人民政府支持废旧农用薄膜再利用企业按照规定享受用地、用电、用水、信贷、税收等优惠政策，扶持从事废旧农用薄膜再利用的社会化服务组织和企业。

第十九条 设区市、县（市、区）、乡（镇）人民政府应当确定专职或者兼职人员，负责本辖区内废旧农用薄膜捡拾、回收、处理和再利用的指导、宣传和监督管理工作。

村民委员会应当组织、督促农用薄膜使用者捡拾废旧农用薄膜，并为有关单位和个人设立废旧农用薄膜回收网点提供便利。

废旧农用薄膜回收网点和回收再利用企业应当依法建立回收台账，如实记录废旧农用薄膜的重量、体积、杂质、缴膜人名称及其联系方式、回收时间等内容。回收台账应当至少保存两年。

第二十条 废旧农用薄膜回收再利用企业应当依法做好回收再利用厂区和周边环境的环境保护工作，避免二次污染。

第二十一条 各级人民政府应当鼓励研发并推广回收技术与机械，鼓励农机专业合作社、初级加工厂、回收网点和农户购置高效地膜捡拾机械，持续稳定实施残膜回收机具购机补贴。

第五章 监督检查

第二十二条 建立广西农用薄膜残留监测制度。县级以上人民政府农业农村行政主管部门应当建立纳入广西农用薄膜残留监测体系的本级农用薄膜残留监测网，监测数据逐级上报自治区农业农村行政主管部门。广西农用薄膜残留监测技术规范由自治区农业农村行政主管部门另行制定。

第二十三条 建立广西农用薄膜市场监管制度。县级以上人民政府市场监督管理行政主管部门定期开展本行政区域的农用薄膜市场质量监督检查，在农业生产重点季节应组织开展集中监督检查。

第二十四条 生产、销售未达到强制性国家标准的农用薄膜，依照《中华人民共和国产品质量法》等法律、法规的规定进行查处，依法依规记入信用记录并予以公示。

第二十五条 政府招标、政府支持等项目采购的农用薄膜，质量应当达到强制性国家标准，依法限制失信企业参与。政府支持的项目采购的农用薄膜低于强制性国家标准，相关部门不能支付款项、给予报账或者通过验收。

第二十六条 县级以上人民政府农业农村及其他农用薄膜行政主管部门，应当加强对农用薄膜残留危害性的宣传与科学使用农用薄膜的引导，提高废旧农用薄膜回收率及农用薄膜合理使用水平。

第六章　法律责任

第二十七条 农用薄膜生产者、销售者、使用者未按照规定回收、处理和再利用农用薄膜的，按有关法律法规处罚。

农用薄膜生产者既没有履行回收及处理其生产产生的废旧农用薄膜的义务，也未委托其经销者或者其他第三方履行的，由设区市、县（市、区）人民政府农业农村行政主管部门责令改正，并依照《中华人民共和国土壤污染防治法》第八十八条规定处罚。

农用薄膜销售者不履行从其销售对象回收其经销产生的废旧农用薄膜义务的，按未按照规定回收进行管理，由设区市、县（市、区）人民政府农业农村行政主管部门责令改正，并依照《中华人民共和国土壤污染防治法》第八十八条规定处罚。

农用薄膜使用者不在使用期限到期前捡拾田间的非全生物降解农用薄膜废弃物，由乡镇人民政府、街道办事处责令改正；拒不改正的，依照《广西壮族自治区农业环境保护条例》第二十四条（四）进行处理，并由设区市、县（市、区）人民政府农业农村行政主管部门依照《中华人民共和国土壤污染防治法》第八十八条规定处罚。

第二十八条 被检查者拒不配合检查，或者在接受检查时弄虚作假的，由县级以上人民政府各行政主管部门在各自职责范围内，按照《中华人民共和国土壤污染防治法》《中华人民共和国固体废物污染环境防治法》等法律、法规的有关规定追究法律责任。

第二十九条 国家工作人员在农用薄膜管理工作中存在滥用职权、玩忽职守、徇私舞弊、索贿受贿等行为的，由其所在工作单位或者有关行政主管部门依法给予行政处分；构成犯罪的，依法追究刑事责任。

第七章 附 则

第三十条 本办法由广西壮族自治区农业农村行政主管部门会同相关部门负责解释。

第三十一条 本办法自公布之日起施行。

江苏省政府办公厅关于加强废旧农膜回收利用工作的实施意见

（苏政办发〔2018〕60号）

各市、县（市、区）人民政府，省各委办厅局，省各直属单位：

为贯彻落实中央和省委、省政府关于实施乡村振兴战略的部署要求，促进农业绿色发展，根据农业农村部《农膜回收行动方案》（农科教发〔2017〕8号），经省人民政府同意，现就做好我省废旧农膜回收利用工作提出如下实施意见：

一、充分认识加强废旧农膜回收利用工作的重要性紧迫性

习近平总书记深刻指出，实施乡村振兴战略，一个重要任务就是推行绿色发展方式和生活方式，以绿色发展引领乡村振兴是一场深刻革命。农膜是重要的农业生产资料，为促进农业增效、农民增收发挥了重要作用。但近年来，随着设施农业加快推进，农膜用量和使用年限不断增加，废旧农膜带来的环境污染问题日益突出。我省是农业大省，农用塑料薄膜年均使用量约12万吨，但农膜回收利用工作起步较晚，存在农膜使用现状不明、土壤残留基数不清、回收利用途径不畅等问题，全省农膜回收利用率仅为60%，废旧农膜“白色污染”成为农业绿色发展面临的突出问题。在新形势下，加强废旧农膜有效回收利用，对于打好污染防治攻坚战、促进农业绿色发展、建设生态宜居的美丽乡村都具有重要意义。各地各有关部门要切实统一思想认识，增强工作责任感，将废旧农膜回收利用工作作为推进绿色兴农、促进乡村振兴

的一项紧迫任务，摆上重要议事日程，采取有力有效措施，全面做好废旧农膜回收利用工作，加快推动农业绿色发展。

二、总体要求

（一）指导思想

坚持以习近平新时代中国特色社会主义思想为指导，全面贯彻落实党的十九大精神，以绿色发展为导向，以有效回收利用农田废旧农膜为主线，以试点示范为抓手，按照“政府引导支持、企业市场运作、群众自觉参与、农膜循环利用”的思路，加强政府执法监管，培育回收利用企业，健全回收利用网络，促动农户全面参与，逐步建立起“严把标准提高合格率、科学引导提高捡拾率、健全网点提高回收率、激励企业提高加工率”的“四提”工作机制，加快形成农膜循环利用、农户积极捡拾、网点应收尽收、企业加工转化的农膜回收利用体系，全面提升废旧农膜资源化利用水平，有效防控“白色污染”，切实推动绿色兴农。

（二）基本原则

坚持严格标准、严密防控。严格执行国家标准，明确市场准入条件，加强生产源头管控，确保农膜质量符合标准要求。

坚持科技支撑、综合施策。加大科技研发力度，推进回收技术、装备及替代产品研发应用，根据不同地区经济条件、不同作物农膜使用特点，科学制定和落实农田废旧农膜回收利用措施。

坚持典型示范、辐射带动。选择农膜使用大县，推进农膜回收环节补贴，探索构建捡拾回收和加工利用体系，集中打造一批农膜回收利用示范典型，发挥示范辐射效应。

坚持政府引导、多方发力。加大政策扶持力度，统筹资金安排使用，充分调动农膜生产销售企业、农业生产经营者、回收利用企业、社会化服务组织等多方积极性，共同推进农田废旧农膜回收利用工作。

（三）目标任务

到2020年，扶持建立废旧农膜回收利用示范县30个以上，扶持培育规模废旧农膜回收加工龙头企业40个以上，形成覆盖全省的农膜生产、销售、使用、回收、加工监督管理制度，构建体系完备的农膜回收利用网络，废旧农膜基本实现资源化利用，“白色污染”得到有效控制。全省农膜回收利用率每年提高7个百分点左右，确保到2020年达80%以上、到2022年力争达到90%。

三、重点工作

（一）组织全面普查，摸清农膜回收利用现状

各地要根据中央和省委、省政府关于加强废旧农膜回收利用工作的部署要求，对农膜生产、销售、使用以及废旧农膜回收加工利用等情况集中开展一次全面普查，重点摸清生产企业、销售主体、质量标准、回收方式、利用途径、土壤残留等情况。各地全面普查情况于2018年年底前报送省农委，为做好废旧农膜回收利用工作奠定坚实基础。

（二）严格执法监管，源头控制农膜市场准入

各地要严格执行国家强制性标准《聚乙烯吹塑农用地面覆盖薄膜》(GB 13735—2017)，严禁生产、销售和使用厚度在0.01mm以下的地膜，从源头上保障地膜的可回收性。要加大对生产流通领域地膜产品贯标执行情况的检查力度，严厉查处生产、销售、使用不达标地膜产品行为，坚决杜绝不达标地膜进入市场，确保进入市场的地膜产品符合质量标准要求。对农膜使用者、销售者和生产者进行有效监督引导，确保本区域内废旧农膜回收利用目标任务有效落实。

（三）完善工作机制，健全农膜回收利用网络体系

严格落实属地化管理责任，建立农膜管理工作协调机制，将农膜回收利用工作与农业生产、环境保护、市场监管同部署、同检查、同落实。培育组建工作队伍，通过政府引导、政策扶持和市场化运作，形成省市县上下联动、有关部门协同配合的工作推进机制。建立健全市级龙头回收加工企业、县区级回收加工企业、乡镇回收站、村（基地）回收网点的四级回收利用网络，实现废旧农膜的有效回收和资源循环利用。供销合作社要充分发挥基层回收网络优势，加强与农膜生产企业对接，做好回收工作。

（四）加强集成示范，强化农膜回收科技支撑

加大科技投入与技术创新力度，组建农膜回收利用专家团队，重点开展适合我省不同作物和不同区域特点的农膜减量覆盖及回收加工利用、生物可降解地膜研制等关键技术创新。加大农膜回收利用新技术、新产品、新装备、新模式的示范力度。新型农业经营主体要应用符合强制性国家标准的地膜产品，鼓励和引导其使用生物可降解产品，多途径提高废旧农膜的可回收性。大力开展农膜覆盖技术指导，减少农膜投入与损耗，提高农膜利用率。

四、保障措施

（一）加强组织领导

各级人民政府是推进农田废旧农膜污染治理工作的责任主体，要从建设生态文明、促进绿色兴农、推动农业高质量发展的高度，把废旧农膜回收利用工作作为一项重要任务，摆在突出位置，加大工作力度，确保取得实效。建立废旧农膜回收利用工作部门协调机制，由农业、环保部门牵头，发展改革、经济和信息化、科技、财政、国土资源、水利、工商、质监、供销社等部门共同参与，保障废旧农膜回收利用工作有力有序推进。

（二）加强政策扶持

各级财政统筹安排涉农资金，保证废旧农膜回收利用工作需要，并因地制宜探索建立以奖代补、贷款贴息等优惠政策。对废旧农膜回收加工企业，在用地、用电、用水、信贷、税收和回收加工机具购置等方面，落实好国家已出台的相关政策，切实加大支持力度。

（三）加强督查考核

坚持把废旧农膜回收利用工作作为打好污染防治攻坚战的重要内容，纳入各级人民政府绩效考核指标体系，层层传导压力，夯实工作责任。按照生态环境部《关于按月调度〈土壤污染防治行动计划〉工作进展情况的通知》（环办土壤函〔2017〕1201号），建立废旧农膜回收利用工作月报制度，各地从今年10月起于每月5日前向省农委报送废旧农膜回收利用工作进展情况。省农业、环保部门要组织力量开展实地检查督导，定期通报各地工作进展，对工作不力、进度缓慢、成效不明显的地区和部门，在全省范围内予以通报，并根据情况对有关责任人进行约谈。

（四）加强宣传引导

要充分利用广播、电视、报刊、互联网等媒体，加大相关政策法规的宣传力度，提高各级人民政府、企业及广大农民对农膜回收利用重要性的认识。加大面向基层的宣传力度，开展农膜回收利用技术措施、质量标准等方面的培训，引导农民规范使用加厚地膜，积极参与地膜回收，营造良好社会氛围。总结宣传各地开展农膜回收利用的好做法、好经验，形成典型模式和示范样板，以点带面、示范推广。

江苏省人民政府办公厅

2018年8月24日

浙江省农业农村厅等4部门关于加快推进废旧农膜回收处理工作的意见

（浙农科发〔2019〕19号）

各市、县（市、区）农业农村局、生态环境局（分局）、住房和城乡建设局、供销合作社：

为全面落实乡村振兴战略重大部署，进一步防治农膜残留污染，改善农业农村生态环境，促进农业可持续发展，根据省委办公厅、省政府办公厅《关于再创新体制机制新优势高水平推进农业绿色发展的实施意见》（浙委办发〔2018〕64号）《关于扎实推进农村生活垃圾分类处理工作的意见》（浙委办发〔2017〕68号）和《浙江省农业农村污染治理攻坚战实施方案的通知》（浙环函〔2019〕166号）等文件精神，现就加快推进废旧农膜回收处理工作提出如下意见：

一、总体要求

深入贯彻落实绿色发展理念，坚持政府引导、市场主导、属地管理、使用者责任原则，按照“减量化、资源化、无害化”思路，以提高废旧农膜回收处理（利用）率为目标，分类推进废旧农膜回收处理。积极构建由政府、农户、企业、社会共同参与的废旧农膜回收利用体系和“使用者归集、分类处理、政府扶持与市场化运作相结合”的长效机制。到2020年，全省废旧农膜回收处理率达到90%以上，基本实现废旧农膜回收利用或无害化处理。

二、分类施策，构建废旧农膜回收处理体系

（一）明确回收处理范围

根据我省农业生产实际，回收处理范围主要包括废旧棚膜、地膜、菌棒膜，有条件的地方可以将营养钵、育苗盘、遮阳网、防虫网等农业投入品废弃物纳入回收处理范围。

（二）实施分类回收方式

按照废旧农膜的功能、材质和再利用价值，分别采取适宜的回收利用、处理方式。对于具有二次利用价值的废旧棚膜、菌棒膜等，发挥市场机制，由使用者归集、市场主体回收后实现二次利用。对于无利用价值的废旧农膜，纳入农村生活垃圾处理体系。

（三）推进回收处理专业化

引导和鼓励农膜生产、销售企业和其它组织、个人开展废旧农膜回收处理，推动形成回收处理专业化体系。建立健全以农村生活垃圾收集点为主的废旧农膜回收网点，偏远地块或农膜集中使用区域由村民委员会设置必要的废旧农膜回收站点（临时堆放点），配置必要的设施设备。

三、明确分工，压实废旧农膜回收处理责任

（一）回收

按照“谁使用、谁回收”的原则，使用者是废旧农膜归集回收的责任主体，应将废弃农膜及时捡拾归集、定点堆放，不得弃留在土壤中或者随意丢弃。对于无利用价值的废旧农膜，由使用者负责归集整理、清运至当地农村生活垃圾回收点或废旧农膜回收站点。偏远地块或农膜集中使用区域，使用者先行定点堆放，由村民委员会或委托专业化服务组织统一清运至当地农村生活垃圾回收点。村民委员会负责督促使用者捡拾、归集废旧农膜。

（二）处理

供销部门要发挥自身优势，积极与乡村衔接，合理设置回收站点，开展废旧农膜的专业化回收与资源化利用。无利用价值的废旧农膜纳入农村生活垃圾处理体系，由农业农村、住房建设部门会同生态环境部门，落实末端处理设施，进行无害化处理。

（三）监督

按照《中华人民共和国土壤污染防治法》有关规定，农业农村部门负责开展废旧农膜回收执法检查，组织开展统计调度，掌握本地主要覆膜作物与用膜量，废弃农膜种类、数量、回收率等，定期组织对农膜残留情况进行调度分析。

四、细化举措，确保各项工作落实到位

（一）加强组织领导

各地要把废旧农膜回收处理摆上重要议事日程，加强领导，统筹谋划，结合实际制定工作方案，明确措施，细化目标，落实责任。废旧农膜回收处理和制度体系建设情况纳入列入当地乡村振兴战略实绩、美丽浙江建设、生活垃圾分类处理的重要内容和目标责任制考核指标。各级农业农村、生态环境、建设、供销等部门要密切配合，加强督促指导，形成齐抓共管、推进有力的工作机制。

（二）加强政策扶持

积极争取地方财政支持，切实加大对废旧农膜回收处理的投入力度，重点支持废旧农膜回收网点、田间收集设施建设、专业化回收处理以及加厚地膜、可降解地膜的试验示范推广。有条件的地方可探索建立地膜以旧换新补贴制度、可降解地膜使用补贴政策等。

（三）加强技术指导

推进农膜使用源头减量，调整种植业生产方式与配套关键技

术，积极引进试验、示范推广加厚地膜和全生物降解膜。推进地膜产品规范使用，贯彻执行国家强制性标准 GB 13735—2017《聚乙烯吹塑农用地面覆盖薄膜》，逐步淘汰厚度不符合国家准的超薄地膜。

（四）加强宣传引导

充分利用广播、电视、报刊、互联网等媒体，结合科技入户等形式，开展主题突出、形式多样的宣传报道，大力宣传废旧农膜污染的危害性和回收再利用的意义要求，增强回收废旧农膜的自觉性和主动性。在重要农时季节组织开展现场观摩活动，宣传典型做法和工作成效，充分发挥示范辐射的带动作用，切实推动废旧农膜回收与资源化利用，促进农业生态环境持续改善。

本意见自 2019 年 8 月 1 日起实施。

浙江省农业农村厅　　浙江省生态环境厅

浙江省住房和城乡建设厅　　浙江省供销合作社联合社

2019 年 7 月 1 日

新疆维吾尔自治区地方标准《聚乙烯吹塑农用地面覆盖薄膜》(DB 65 3189—2014)

1 范围

本标准规定了聚乙烯（PE）吹塑农用地面覆盖薄膜（简称地膜）的技术要求、试验方法、检验规则、标志、包装、运输、贮存。

本标准适用于以线性低密度聚乙烯树脂（LLDPE）、低密度聚乙烯树脂（LDPE）和高密度聚乙烯树脂（HDPE）的共混料为主要原料，可加入适量助剂，用吹塑法生产的地膜，在新疆区内生产、流通、使用和监督。

本标准不适用于降解地膜。

2 规范性引用文件

下列文件对于本文件的应用是必不可少的。凡是注日期的引用文件，仅所注日期的版本适用于本文件。凡是不注日期的引用文件，其最新版本（包括所有的修改单）适用于本文件。

GB /T 1040.1—2006 塑料　拉伸性能的测定　第 1 部分：总则

GB /T 1040.3—2006 塑料　拉伸性能的测定　第 3 部分：薄塑和薄片的试验条件

GB /T 2828.1—2012 计数抽样检验程序　第 1 部分：按接收质量限（AQL）检索的逐批检验抽样计划

GB /T 2918 塑料试样状态调节和试验的标准环境

GB /T 3682 热塑性塑料熔体质量流动速率和熔体体积流动速率的测定

GB /T 6672—2001 塑料薄膜和薄片　厚度测定　机械测量法

GB /T 6673 塑料薄膜和薄片长度和宽度的测定

GB /T 9345.1—2008 塑料　灰分的测定　第 1 部分：通用方法

GB /T 16422.3 塑料试验室光源暴露试验方法　第 3 部分；荧光紫外灯

QB /T 1130 塑料直角撕裂性能试验方法

3　原材料

3.1　使用地膜用树脂。熔体质量流动速率（MFR）：

LLDPE：MFR1g /10min～2g /10min；

LDPE：MFR1g /10min～3g /10min。

测试温度（190±0.5)℃，负荷 2.16kg。

3.2　原料灰分≤0.15％。

3.3　不应含有不利于作物生长和有害土壤的成分。

4　技术要求

4.1　规格

4.1.1　厚度及偏差

应符合表 1 规定。

表 1　　厚 度 及 偏 差

厚度 /mm	极限偏差 /mm	平均厚度偏差 /％	推荐使用天数 /d
0.010	+0.003 −0.002	+15 −12	180
0.012			
0.014	±0.003		360
0.020			

注 1：0.010mm 为最小公称厚度。

注 2：>0.020mm 的公称厚度，由供需双方商定，偏差同上。

注 3：允许有 20％的测量点超过对应厚度的极限偏差+0.001mm。

4.1.2 宽度及极限偏差

应符合表2规定。

表2 **宽度及极限偏差** 单位为mm

宽度（B）	极限偏差
$B \leqslant 800$	±15
$800 < B < 1500$	±20
$B \geqslant 1500$	±25

4.1.3 每卷净质量极限偏差

应符合表3要求。

表3 **卷净质量极限偏差**

每卷净质量（Q_n）/kg	极限偏差/kg
$Q_n \leqslant 10.00$	+0.20 −0.15
$10.00 < Q_n \leqslant 15.00$	+0.25 −0.15
$Q_n > 15.00$	+0.30 −0.15

注1：每卷应标注参考长度，计量单位m。
注2：每卷长度推荐按2000m设定，以便于机械化铺膜。

4.2 外观

不允许有影响使用的气泡、斑点、折褶、杂质和针孔等缺陷，对不影响使用的缺陷不超过20个/100cm²。

膜卷卷取平整，不许有明显的暴筋。膜卷宽度与膜的幅宽相差的卷取宽度错位及其他要求应符合表4规定。

表4 **膜卷要求**

项目	膜卷	
错位宽度/mm	≤30	
每卷段数/段	≤2	断头处均需粘接，不允许系结
每段长度/m	≥100	

4.3 总灰分

总灰分应不大于0.5%。

4.4 物理机械性能

应符合表5、表6、表7要求。

表5 物理机械性能

项目	180d		360d	
	加入耐候剂	未加入耐候剂	加入耐候剂	未加入耐候剂
拉伸负荷（纵/横）/N	≥2.3	≥2.5	≥2.5	≥2.8
断裂标称应变（纵/横）/%	≥280		≥300	
直角撕裂负荷（纵/横）/N	≥1.0	≥1.2	≥1.3	≥1.5

表6 人工气候老化后的物理机械性能

项目	指标
拉伸负荷（纵/横）/N	≥1.5
断裂标称应变（纵/横）/%	≥150

表7 覆盖使用后的物理机械性能

项目	180d	360d
拉伸负荷（纵/横）/N	≥1.4	≥1.0
断裂标称应变（纵/横）/%	≥130	≥100
注：根据用户要求，本表由供需双方商定使用。		

5 试验方法

5.1 试样

从外包装及膜完好的产品外端先裁去10m后，再无损裁取长度不少于 1m 的地膜试样进行试验。

5.2 试样状态调节和试验的标准环境

按 GB /T 2918—1998 规定进行状态调节，温度为（23±2)℃，状态调节时间不少于 4h，并在此条件下进行试验。外观、净质量及其偏差除外。

5.3 厚度

按 GB 6672—2001 规定，用精度为 0.001mm 的测厚仪进行测量。

a）极限厚度偏差用式（1）计算：

$$\Delta e = e_{max}(或\ e_{min}) - e_0 \qquad (1)$$

式中 Δe——极限厚度偏差，mm；

e_{max}——实测的厚度最大值，mm；

e_{min}——实测的厚度最小值，mm；

e_0——公称厚度，mm。

b）平均厚度偏差用式（2）计算：

$$e = (e_n - e_0) / e_0 \times 100 \qquad (2)$$

式中 e——平均厚度偏差，%；

e_n——平均厚度，mm；

e_0——公称厚度，mm。

5.4 宽度

按 GB /T 6673—2001 规定，用精度为 1mm 的卷尺或钢直尺进行测量。

5.5 每卷净质量

用精度为不低于 0.05kg 的量具测量。

5.6 外观

取 $1m^2$ 试样，在自然光下目测。

5.7 拉伸负荷及断裂标称应变

按 GB /T 1040.3—2006 规定进行，试样为 2 型，宽度为 10mm，夹具间初始标线距离为 50mm。试验速度（空载）：(500±50) mm / min，试验结果取算术平均值。断裂标称应变应按式 (3) 计算：

$$\varepsilon_t = \Delta L / L \times 100 \tag{3}$$

式中 ε_t——断裂标称应变,%；

L——夹具间初始标线距离，mm；

ΔL——夹具间距离增量，mm。

5.8 直角撕裂负荷

按 QB /T 1130 规定进行，一般情况下采用单片试样，也可采用叠合试样。实验结果取算术平均值。仲裁检测为单片试样，取最大值。

5.9 总灰分

按 GB /T 9345.1—2008 进行测试和计算。

5.10 人工气候老化试验

按 GB /T 16422.3 规定进行。用荧光紫外线试验方法进行。试验灯管采用 II 型灯管（UV - A340）。试验时间：240h；试验条件为：光照温度 60℃、辐射时间 4h，与冷凝温度 50℃、冷凝时间 4h 循环交替进行。老化后试样的拉伸负荷和断裂标称应变按 5.7 条规定进行测试和评定。

6 检验规则

6.1 组批

以批为单位进行验收，同一配方、同一规格连续生产 60t 产品为一批。如果连续生产一周，产量 60t 以下，以一周产量为一批。

6.2 抽样

6.2.1 规格和外观

按 CB /T 2828.1—2012 规定的正常检验一次抽样方案进行，采用一般检验水平 I，批接收质量限（AQL）6.5，见表 8。每卷薄膜为一个样品单位。

表 8　　抽 样 方 案　　单位为卷

批　量	样本量	接收数 Ac	拒收数 Re
2～8	2	0	1
9～15	2	0	1
16～25	2	0	1
26～50	8	1	2
51～90	8	1	2
91～150	8	1	2
151～280	13	2	3
281～500	20	3	4
501～1200	32	5	6
1201～3200	50	7	8

6.2.2 平均厚度偏差、物理机械性能

从 6.2.1 检验合格的每批样本中随机抽取任一样本进行试验。

6.3 出厂检验

产品出厂检验项目为 4.1、4.2、4.3 及 4.4 条中的表 5。

6.4 型式检验

6.4.1 型式检验项目为本标准中除表 7 外的全部技术要求。

6.4.2 人工气候老化后的物理机械性能（表 6）每两年进行一次。其他项目除表 7 外正常情况下应每年至少进行一次。有下列情况之

一时，需进行型式检验：

a）产品原材料、结构、生产工艺有重大改变时：

b）出厂检验结果与前次型式检验结果有较大差异时；

c）国家质量监督部门提出要求时。

6.5 判定规则

6.5.1 规格、外观按表8规定进行判定。

6.5.2 平均厚度偏差、物理机械性能、总灰分的检验结果中如有不合格项，则应从原批中双倍抽取样，对不合格项进行复验，如仍有不合格项，则该批产品为不合格。

7 标志、包装、贮存、运输

7.1 标志

每卷膜的内包装应附产品合格证，内容包括：产品名称、宽度、厚度、参考长度、净质量、推荐使用天数、产品注册商标、生产日期、批号、生产厂名、生产厂地址、执行标准、检验员章等。

7.2 包装

膜卷用薄膜、包装纸或编织袋包装，如有特殊要求，由供需双方商定。

7.3 运输

运输时，防止机械碰撞、挂伤和日晒雨淋。

7.4 贮存

产品应贮存在清洁、阴凉、干燥的库房内，遮盖堆放整齐，严禁曝晒。不得使薄膜挤压变形和损伤。距热源不少于1m。避光贮存期从生产日期起不超过12个月。

新疆维吾尔自治区地方标准《棉田废旧地膜回收技术规范》（DB 65 /T 3835—2019）

1　范围

本标准规定了覆膜条件下棉田废旧地膜回收的术语和定义，废旧地膜回收前的技术要求、田间回收的技术要求、田间回收后的处置要求、运输和储存。

本标准适用于棉田废旧地膜回收。

2　规范性引用文件

下列文件对于本文件的应用是必不可少的。凡是注日期的引用文件，仅所注日期的版本适用于本文件。凡是不注日期的引用文件，其最新版本（包括所有的修改单）适用于本文件。

DB 65 3189 聚乙烯吹塑农用地面覆盖薄膜

新疆维吾尔自治区农田地膜管理条例　新疆维吾尔自治区代表大会常务委员会公告 2016 年第 22 号

3　术语和定义

下列术语和定义适用于本文件。

3.1

地膜 plastic mulch film

应用聚乙烯（PE）吹塑而成的农用地面覆盖薄膜。

3.2

废旧地膜 the waste plastic mulch film

农业生产完成后残留在农田中的地膜。

3.3

废旧地膜回收率 the recycling ratio of waste plastic mulch film

农田单位面积内回收的废旧地膜与当年新铺地膜的质量之比。

3.4

废旧地膜回收网点 the sites for waste plastic mulch film recycling

为废旧地膜集中回收上交、贮存、中转而专门设立的场所，包括固定收购站（点）和流动回收点。

3.5

废旧地膜回收加工企业 the enterprises for recycling and processing of waste plastic mulch film

依法成立，从事废旧地膜回收、加工处理和再利用的法人团体或其他社会经济组织。

4 回收前的技术要求

4.1 使用地膜质量应严格执行 DB 65 3189。

4.2 机械覆膜时应压好膜边，用常规播种机械随滴灌带、种子等同时铺入田中。

4.3 播种完毕应在膜上压土。

4.4 在废旧地膜回收前应对输水管、滴灌带回收。

5 田间回收的技术要求

5.1 在棉花收获后和播种前进行回收。

5.2 以机械回收为主，人工回收为辅。

5.3 宜在回收前对废旧地膜厚度进行检测，厚度不低于 0.01mm。

5.4 选择废旧地膜捡拾机械进行回收，捡拾机械包括播前捡拾机械、秋后捡拾机械和耕层内清捡捡拾机械。

5.5 棉田废旧地膜回收率应≥80%。

6 回收后的处置要求

6.1 严格执行《新疆维吾尔自治区农田地膜管理条例》,废旧地膜田间回收后需进行清杂，不得在农田或者其他农作物用地随意弃置、掩埋和焚烧，应送交废旧地膜回收网点。

6.2 废旧地膜回收网点对废旧地膜打包后,交送废旧地膜回收加工企业处理。

7 运输与储存

7.1 运输

7.1.1 不得与易燃、易爆或腐蚀性物质混合运输。

7.1.2 宜采用箱式货车运输，不得沿途丢弃、遗撒。

7.2 储存

回收后的废旧地膜应堆放在专用场地，要求地面平整、干净，注意防火、防风、防水，防止再次污染周边环境。

甘肃省地方标准《聚乙烯吹塑农用地面覆盖薄膜》（DB 62/2443—2014）

1 范围

本标准规定了聚乙烯吹塑农用地面覆盖薄膜（以下简称地膜）的产品分类、技术要求、试验方法、检验规则及标志、包装、运输、贮存。

本标准适用于以线性低密度聚乙烯树脂（LLDPE）、低密度聚乙烯树脂 LDPE 两种树脂共混为主要原料，可加入适量助剂，用吹塑法生产的地膜。

2 规范性引用文件

下列文件对于本文件的应用是必不可少的。凡是注日期的引用文件，仅注日期的版本适用于本文件。凡是不注日期的引用文件，其最新版本（包括所有的修改单）适用于本文件。

GB/T 1040.3—2006 塑料　拉伸性能的测定　第 3 部分：薄膜和薄片的试验条件

GB/T 2828.1—2012 计数抽样检验程序　第 1 部分：按接收质量限（AQL）检索的逐批检验抽样计划

GB/T 2918—1998 塑料试样状态调节和试验的标准环境

GB/T 6672—2001 塑料薄膜和薄片　厚度测定　机械测量法

GB/T 6673—2001 塑料薄膜和薄片长度和宽度的测定

QB/T 1130—1991 塑料直角撕裂性能试验方法

3 产品分类

以使用的原料、产品厚度及推荐覆盖使用时间不同分为Ⅰ、

Ⅱ类，见表1。

表1　　产品类别

类别	树脂种类	厚度/mm	推荐覆盖使用时间/d
Ⅰ	共混树脂	0.020　0.014	≥540
	加耐候剂共混树脂	0.012　0.010	
Ⅱ	共混树脂	0.014　0.012	≥360
	加耐候剂共混树脂	0.010	

4　原材料

4.1　宜使用地膜用树脂，其熔体质量流动速率（MFR）为：

LLDPE：MFR1g/10min～2g/10min；

LDPE：MFR0.3g/10min～2g/10min。

4.2　不应加入使用后回收的再生料。

4.3　不应加入不利于作物生长和有害土壤的助剂。

5　技术要求

5.1　规格

5.1.1　厚度及偏差

应符合表2规定。

表2　　厚度及偏差

厚度/mm	极限偏差/mm	平均厚度偏差/%
0.020	±0.003	±10
0.014	±0.003	±10
0.012	±0.002	±10
0.010	±0.002	±10

5.1.2 宽度及偏差

应符合表3规定。

表3　宽度及偏差　单位为毫米

宽　度	极限偏差
≤1200	±15
>1200	±20

5.1.3 每卷净质量及偏差

应符合表4规定。

表4　净质量及偏差

每卷净质量（Q）/kg	极限偏差
Q≤10	+2.0%　−1.5%
10<Q≤15	+0.25kg　−0.15kg
Q>15	+2.0%　−1.0%
每卷必须标注参考长度。	

5.2 外观

不影响使用的气泡、斑点、晶点、僵块、杂质、折皱和穿孔等缺陷不得超过20个/100cm²。膜卷卷取平整，不许有明显的暴筋。膜卷宽度与膜的公称宽度相差的卷取宽度错位及其他要求应符合表5规定。

表5　错位宽度及段数

项　目	指　标
错位宽度/mm	≤30
每卷段数/段	≤3
每段长度/m	≥100

5.3 物理机械性能

5.3.1 不加耐候剂地膜物理机械性能

应符合表6、表7规定。

表6　　物理机械性能

项　目	指　标		
	0.012mm	0.014mm	0.020mm
拉伸负荷（纵、横向）/N	≥2.0	≥2.3	≥2.5
断裂伸长率（纵、横向）/%	≥240	≥260	≥300
直角撕裂负荷（纵、横向）/N	≥0.9	≥1.0	≥1.2

表7　　覆盖使用后性能

项　目	指　标
覆盖使用后拉伸负荷（纵、横向）/N	≥1.0
覆盖使用后断裂伸长率（纵、横向）/%	≥100

5.3.2 加入耐候剂地膜物理机械性能

应符合表7、表8规定。

表8　　物理机械性能

项　目	指　标	
	0.010mm	0.012mm
拉伸负荷（纵、横向）/N	≥1.7	≥1.9
断裂伸长率（纵、横向）/%	≥180	≥220
直角撕裂负荷（纵、横向）/N	≥0.7	≥0.8

6 试验方法

6.1 试样

从供试膜卷及覆盖使用后经无损清洗的洁净地膜上裁取足够

数量的试样进行试验。

6.2 试样状态调节和试验的标准环境

按 GB /T 2918—1998 规定的（23±2)℃标准环境进行，状态调节时间不少于 4h。

6.3 厚度

按 GB /T 6672—2001 规定用精度为 0.001mm 的测厚仪进行测定。

6.4 宽度

按 GB /T 6673—2001 规定用精度为 1mm 的卷尺或钢直尺进行测定。

6.5 外观

在自然光或日光灯下目测。

6.6 拉伸负荷及断裂伸长率

按 QB /T 1040.3—2006 规定进行，采用 2 型试样，试样宽度为 10mm，试验速度（空载）为（500±50） mm /min。

6.7 直角撕裂负荷

按 QB /T 1130—1991 规定进行，一般情况下采用单片试样，也可采用叠合试样，试验速度（空载）为（200±20） mm /min。

6.8 覆盖使用后性能

覆盖使用后拉伸负荷及覆盖使用后断裂伸长率按 6.6 规定进行试验。

7 检验规则

7.1 组批

同一配方，同一规格、同一工艺条件下连续生产的产品 50t 以下为一批。

7.2 抽样

规格、外观试样按 GB /T 2828.1—2012 规定的正常检验一次抽样方案进行，每一最小包装为一个样本单位，检验水平Ⅰ，批接收质量限（AQL）6.5，见表 9。物理机械性能试样从被抽取的任一个样本中裁取。

表 9　　抽样方案

批　量	样本量	接收数 Ac	拒收数 Re
2～8	2	0	1
9～15	2	0	1
16～25	2	0	1
26～50	8	1	2
51～90	8	1	2
91～150	8	1	2
151～280	13	2	3
281～500	20	3	4
501～1200	32	5	6
1201～3200	50	7	8
3201～10000	80	10	11

7.3 出厂检验

出厂检验项目为 5.1、5.2 及 5.3 条中的表 6、表 8 项目。

7.4 型式检验

型式检验项目为本标准全部技术要求。

覆盖使用后性能每两年进行一次。其他项目正常情况下每年至少进行一次。有下列情况之一时，应进行型式检验：

a）新产品投入生产时；

b）产品的原料、生产工艺有重大改变时；

c）产品停产 10 个月以上再恢复生产时；

d）国家质量监督部门提出要求时。

7.5 判定规则

规格、外观按表9规定进行判定。

物理机械性能如有不合格项，应在原批中取双倍样本对不合格项复测，复测结果仍有不合格项则判该批为不合格。

8 标志、包装、运输、贮存

8.1 标志

每卷膜的包装应附产品合格证，内容包括：产品名称、类别、宽度、厚度、参考长度、净质量、批号、生产日期、生产厂名、生产厂地址、标准号、检验员章。

8.2 包装

包装材料可采用塑料薄膜、编织袋，如有特殊要求，由供需双方商定。

8.3 运输

运输时防止机械碰撞和日晒雨淋。

8.4 贮存

产品应贮存于清洁、阴凉、干燥的库房内，堆放整齐，不得使薄膜挤压变形或损伤。距热源不小于1m。贮存期从生产日期起不超过12个月。

甘肃省地方标准《废旧地膜回收技术规范》(DB 62/T 2622—2015)

1 范围

本标准规定了废旧地膜回收的术语和定义、地膜回收体系、地膜质量与覆膜要求、地膜捡拾（揭膜）、地膜回收和储存与运输。

本标准适用废旧地膜回收质量的评定，以及废旧地膜回收工作的监督管理和规范。

2 规范性引用文件

下列文件对于本文件的应用是必不可少的，凡是注日期的引用文件，仅注日期的版本适用于本文件。凡是不注日期的引用文件，其最新版本（包括所有的修改单）适用于本文件。

GB 2894 安全标志及其使用导则

GB 18599 一般工业固体废物贮存、处置场污染控制标准

GB/T 25413 农田地膜残留量限值及测定

GB 50016 建筑设计防火规范

DB 62/2448 聚乙烯吹塑农用地面覆盖薄膜

《甘肃省废旧农膜回收利用条例》甘肃省人民代表大会常务委员会公告 2013 年第 8 号

3 术语和定义

下列术语和定义适用于本文件。

3.1

农用地膜

为保水保肥、保温，保湿而覆盖在农田地面上的塑料薄膜。

3.2

废旧地膜

农业生产过程中使用后的农用地膜。

3.3

地膜耐候期

地膜从使用开始到出现的变色、龟裂、粉化、撕裂、拉伸性能下降等系列老化现象而失去应有功能的期限。

3.4

地膜残留量

农田中残留的地膜质量。

3.5

地膜拾净率

检测区内实际使用农用地膜质量与地膜残留量之差，与检测区内实际使用地膜质量之比的百分数。

3.6

地膜回收站（点）

为方便废旧地膜集中回收上交而专门设立的进行农用地膜回收、存储、中转的场所，包括固定收购站（点）和流动收购点。

3.7

地膜回收加工企业

依法成立，从事废旧地膜回收，加工的法人或其他社会经济组织。

4　地膜回收体系

4.1　原则

政府主导、公众参与、区域治理、运行有序、乡村监管、市场运作、综合利用。

4.2　地膜回收主体

各级人民政府和村民委员会、农业行政主管部门、地膜生产企业、农业生产者和农业生产经营组织、地膜回收企业及个体从业者为废旧地膜回收工作的主体。

a）各级人民政府和村民委员会应对废旧农膜回收工作进行监督管理

b）农业行政主管部门要引导农民使用质量符合 DB 62/2443 规定的地膜。

c）地膜生产企业应当生产质量符合 DB 62/2443 规定的地膜，鼓励地膜生产企业与农户对接，逐步达到谁生产谁回收。

d）农业劳动者和农业生产经营组织要及时捡拾清理农田中的废旧地膜。

e）地膜回收企业及个体从业者应及时回收、储存、上交废旧地膜。

4.3　回收站（点）建设要求

4.3.1　建设原则

固定回收站点的远址、布局、规模利建设应与辖区农业产业特点、地脚覆盖技术普及、新农村建设、环境保护协调发展，以便于交收、运输、高效环保为原则，科学布建。

4.3.2　建设要求

4.3.2.1　固定回收站点和中转站的建设应执行国家土地、建筑、环境保护、劳动保障等有关方面的政策和规定，统一规划、统一标示、统一规范。

4.3.2.2 使用地膜的乡镇至少应设置1个回收站点，营业面积一般应不少于50m²；有条件的乡镇可建立中转站，营业面积应不少于200m²；站点建筑设计、外部装修应符合GB 2894、GB 50016要求。

4.3.2.3 回收站点和中转站的建设应远离居民区、水源和自然保护区。

4.3.2.4 回收站点废旧地膜存放场地（库、棚）建筑设计应符合防雨、防晒、防渗透、防风、防火等要求。

4.3.3 站点内部要求

4.3.3.1 回收站点内部应悬挂服务公约、回收标准及收购价目表。

4.3.3.2 回收的废旧地膜应分类堆放整齐。

4.3.3.3 站内场地应符合GB 18599的相关要求。

4.3.3.4 应配备统一合格的衡器及打包、起重、运输等设备，并按相关规定定期检验。

4.3.3.5 应按照消防安全管理要求配置消防设施、器材，设置消防安全标志，并定期组织检验、维修。

5 地膜质量与覆膜要求

5.1 地膜质量

为便于回收，使用地膜质量要符合DB 62/2443规定。

5.2 覆膜要求

覆膜时要求膜面平整，松紧适度，垄沟圆顺自然，膜面覆土科学，厚薄合理，便于揭膜回收。

6 地膜捡拾（揭膜）

6.1 捡拾（揭膜）时机

6.1.1 农用地膜在耐候期之前、完成覆盖作用后应实时揭膜，以避免对农田土壤环境的污染，确保废旧地膜的回收、机械清洗和再加工循环利用。

6.1.2 揭膜一般选择在农作物耕种周期完成后（季末）或春播前进行，具体应根据农作物品种生长期的需要确定。若遇低温寒潮，应延长覆膜时间，待寒潮过后再进行。

6.2 捡拾（揭膜）方式

6.2.1 总则

地膜捡拾（揭膜）分机械捡拾、人工捡拾和机械与人工混合捡拾三种方式。揭膜前应对地膜覆膜面植物秸秆、残根进行适当清除，确保捡拾时地膜顺利揭起，回收。

6.2.2 机械捡拾

机械捡拾包括播前机械捡拾、苗期机械捡拾、秋后机械捡拾和耕层内清捡机械捡拾，应积极推广机械捡拾。

6.2.3 人工捡拾

对不能开展机械捡拾的农田，应采用人工捡拾的方式。

6.2.4 混合捡拾

为确保拾净率，最大幅度地降低废旧地膜在农田的残留量，一般在机械捡拾后由人工对农田中遗留的地膜和田边地头机械无法捡拾的区域进行捡拾。

6.3 捡拾（揭膜）质量要求

6.3.1 拾净率

6.3.1.1 质量指标

废旧地膜拾净率质量指标见表1。

6.3.1.2 测定方法

6.3.1.2.1 测定时间

测区内地膜残留量和捡拾率的测定应在地膜捡拾完成后进行。

表 1　　　　　　　废旧地膜拾净率质量指标

项　目	质量指标	判定标准
拾净率/%	≥95	好
	85～94	合格
	<85	不合格

6.3.1.2.2　测定条件

土壤含水率≤25%，土壤坚实度≤2500kPa，地膜厚度≥0.008mm。

6.3.1.2.3　残留量测定

测区内残留量测定的试验条件、抽样及测定方法按 GB/T 25413 规定执行。

6.3.1.2.4　拾净率测定

测区内地膜拾净率等于实际使覆盖地膜质量与地膜残留量之差，与检测区内实际覆盖地膜质量之比的百分数，按公式（1）计算。

$$G = \frac{W - W_1}{W} \times 100\% \qquad (1)$$

式中　G——废旧地膜拾净率，%；

W_1——测区内废旧地膜残留质量，单位为克（g）；

W——测区内实际覆盖地膜质量，单位为克（g）。

6.3.1.2.5　质量评定

地膜拾净率质量按照本标准 6.3.1 进行判定。

7　地膜回收

7.1　捡拾的废旧地膜剔除农作物残根和土块、抖掉沙土后应及时送交废旧地膜回收站（点），不得在农田或者其他农业用地随意弃置、掩埋和焚烧。

7.2 回收站（点）对送交的废旧地膜应根据《甘肃省废旧农膜回收利用条例》进行回收，分类捆扎、打包后，及时送交就近的废旧地膜回收加工企业。

7.3 鼓励地膜回收加工企业和个体从业者直接到田间地头进行回收，减少中间环节，降低农业劳动者和农业生产经营组织送交、储运成本。

8 储存与运输

8.1 储存

8.1.1 废旧地膜储存场所应符合本标准 4.3.2.3 要求，防止再次污染周边环境，避免暴晒雨淋。

8.1.2 远离火源，注意防火。

8.2 运输

8.2.1 不得与易燃、易爆或腐蚀性物质混合运输。

8.2.2 宜采用箱式货车运输，不得沿途丢弃、遗撒。

宁夏回族自治区地方标准
《农用残膜回收利用技术规范》
(DB 64 /T 870—2013)

1 范围

本标准规定了农用残膜回收利用技术的术语和定义、总体要求、回收技术、贮存、包装、运输、回收再生利用技术以及利用设施。

本标准适用于农用残膜回收利用的工艺选择和处理设施建设。

2 规范性引用文件

下列文件对于本文件的应用是必不可少的。凡是注日期的引用文件，仅所注日期的版本适用于本文件。凡是不注日期的引用文件，其最新版本（包括所有的修改单）适用于本文件。

GB 13735 聚乙烯吹塑农用地面覆盖薄膜

GB 16889 生活垃圾填埋场污染控制标准

GB 50016 建筑设计防火规范

GB /T 50062—2008 电力装置的继电保护和自动装置设计规范(附条文说明)

GB 50140 建筑灭火器配制设计规范（附条文说明）

HJ /T 364—2007 废塑料回收与再生利用污染控制技术规范(试行)

DL /T 620—1997 交流电气装置的过电压保护和绝缘配合

DL /T 621—1997 交流电气装置的接地

3 术语和定义

下列术语和定义适用于本标准。

3.1

农用残膜

在农用覆盖薄膜使用后残留在农田中的薄膜碎片。

3.2

残膜污染

农用残膜破坏农田生态环境，造成土壤质量下降、影响农作物生长发育并导致作物减产。

3.3

残膜回收

通过人工或者机械作业等方式对残留在土壤和环境中的农用残膜进行回收处理的过程。

3.4

残膜再生利用

将回收后的农用残膜进行清洗、破碎、塑化及添加一定量的新原料或添加剂，进行重新造粒生成新的可利用的母料或产品的过程。

3.5

残膜回收机械

用于回收农用残膜的农业机械。

4 总体要求

4.1 以减量化、资源化、无害化为基本原则，依据不同地区的气候特点、种植方式和经济发展水平，因地制宜选择经济有效、操作简便、便于管理的农用残膜回收利用技术措施。

4.2 严格按照国家的相关标准进行农用残膜回收、处理，降低农用残膜对环境的污染，实现农业废弃物的资源化利用。

4.3 农用残膜再加工利用应遵循国家环保、卫生、安全等法律法规。

4.4 农田残膜残留率要求在20%以下。

5 回收技术

5.1 地膜类型

在秋覆膜上推广耐候期260d以上的地膜，地膜厚度0.012mm；在春覆膜上推广耐候期120d以上的地膜，地膜厚度0.010mm，便于人工或机械进行残膜回收，应符合GB 13735的要求。

5.2 回收时间

在作物收获后或播种前适时回收。

5.3 回收技术

根据作物类型、区域特点、种植方式和生产规模的不同选择人工捡拾、机械回收以及人机结合等残膜回收技术。

5.3.1 人工捡拾技术

在坡耕地或地膜覆盖面积较少的地区，采用人工捡拾技术进行农用残膜回收。作物收获后或播种前，利用锄头等工具沿膜侧人工开沟，使压在土壤中的地膜完全暴露，然后从田头沿覆膜方向进行人工撤膜。

5.3.2 机械回收技术

在土地平整或覆膜面积相对集中的地区，采用机械回收技术进行农用残膜回收。在作物收获后或播种前，利用滚筒式、弹齿式等适宜的残膜回收机械，沿覆膜方向进行机械残膜捡拾。

5.3.3 人机结合回收技术

在机械回收后残膜量较多的农田，人工进行二次捡拾回收。

5.4 回收途径和方式

5.4.1 设立专门的回收点来进行统一的回收，鼓励个人进行农用残膜回收。

5.4.2 建立以农户和农村合作组织为基本单位，残膜回收站为中转，公司企业加工再利用为终端的高效回收利用体系。见图1。

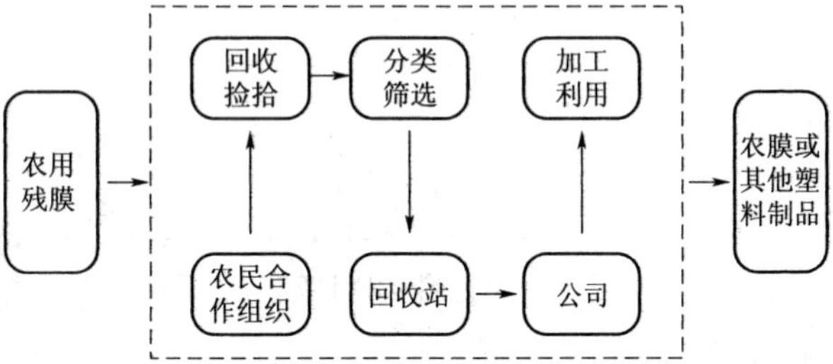

图1　农用残膜回收流程示意图

6 农用残膜的贮存、包装和运输

6.1 贮存

6.1.1 分拣后的农用残膜应贮存在符合环保要求的专门存贮场所内。

6.1.2 贮存场所须为全封闭或半封闭型设施，应有防扬散以及防火措施。

6.2 包装和运输

回收后农用残膜在运输前应捆扎和包装，用封闭的交通工具运输，不得裸露运输废旧农用残膜。

7 再生利用

7.1 农用残膜再生利用技术要求

7.1.1 农用残膜再生利用应执行 HJ /T 364—2007，采用节水节能、高效、低污染的技术和设备。

7.1.2 应根据残膜的破碎程度和污染程度选择农用残膜清洗工艺；采用节水或者可实现水循环利用的机械清洗技术：化学清洗不得使用有毒有害化学清洗剂，应采用无磷清洗剂。

7.2 农用残膜再生利用工艺流程

7.2.1 农用残膜再生利用工艺流程见图 2。

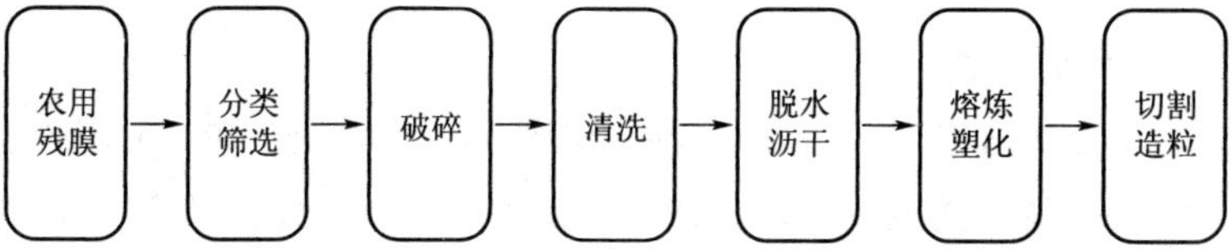

图 2 农用残膜再生利用工艺流程示意图

7.2.2 分类

对运到车间的农用残膜要根据其目标产品生产对原料的要求，将回收残膜进行筛选分类。

7.2.3 破碎

将农用残膜送入剪切破碎机，裁成 5cm～6cm 丝状物，然后进入杂质分离槽。

7.2.4 清洗

废旧残膜进入杂质分离槽，利用搅拌装置除去大部分铁屑、石子、砂土及灰尘等杂物，污水进入沉淀池。

7.2.5 脱水沥干

清洗后的农用残膜利用脱水机进行脱水沥干。

7.2.6 筛选

脱水沥干后的残膜经筛选机分离，清除杂物。

7.2.7 熔融塑化

脱水沥干后的农用残膜进入挤出机中熔融并将其挤成条状的熔融物。

7.2.8 切割造粒

将熔融物送入冷却水槽中冷却，然后将冷却的条状塑料裁成颗粒。

8 加工再利用设施

8.1 生产规模

可实现农用残膜的回收贮存要求并能规模化经营。

8.2 土建工程

包括处理车间、公用设施及辅助设施。其中处理车间有清理、破碎、熔融、造粒及成品库；公用设施有办公及职工宿舍、放料棚和门房等；辅助设施有围墙和硬化场地等。

8.3 配套设备

农用残膜无害化处理设备（高配置型）一套，包括：破碎机、自动洗料机、自动捞料机、自动甩干机、塑料挤出主机、塑料挤压机、塑料切粒机、电动换网装置、双过滤装置、上料提升机及温控设备等。

8.4 附属设施

变压器等动力系统一套，用电负荷应为AC380/220V，负荷等级为三级。高压配电装置、继电保护和安全自动装置、过电压保护和接地的技术要求，应分别符合国家GB 50062、DL/T 620—1997和DL/T 621—1997中有关规定。

8.5 消防设施

消防设施的设置必须满足场区消防要求，应设有火情监测和灭火设施；消防器材的设置应符合国家GB J140中有关规定，并定期检查、验核消防器材效用，做到及时更换。管理区各系统厂房的防火分区面积，应按GBJ 16中有关规定进行划分。

8.6　污水处理设施

残膜清洗后的废水应进入沉淀池，经过净化处理系统实现水的循环利用。无法循环利用的污水排放要符合所在地地表水环境保护标准要求。

9　农用残膜其他处理

9.1　农用残膜填埋处理。对于破碎度较大，已经没有再加工利用价值的残膜，可以在统一收集后运送到当地的垃圾填埋场，进行专业的集中填埋处理，农用残膜填埋需要符合 GB 16889。

9.2　鼓励使用符合环保标准的农用残膜资源化利用新技术。积极探索对于破碎度高、且与农作物秸秆、根系等高度混合的农用残膜用作农村燃料（燃烧过程废气排放符合环保标准）新技术。

参 考 文 献

[1] 严昌荣，何文清，刘爽，等．中国地膜覆盖及残留污染防控［M］．北京：科学出版社，2015.

[2] 严昌荣，何文清，梅旭荣，等．农用地膜的应用与污染防治［M］．北京：科学出版社，2010.

[3] 徐湘博，孙明星，张林秀，等．土壤微塑料污染研究进展与展望［J］农业资源与环境学报．10.13254 /j. jare. 2020. 0024.

[4] GB /T 25413—2010 农田地膜残留量限值及测定［S］．

[5] 宝哲，雷蕾，汤秋香．新疆农田地膜污染防治路径探析［J］．新疆农机化，2019 年第 6 期．

[6] 苏海英，宝哲，刘勤，等．新疆加工番茄应用 PBAT 全生物降解地膜可行性［J］．农业资源与环境学报，2020，37（4）：615－622.

[7] 薛颖昊，曹肆林，徐志宇，等．地膜残留污染防控技术现状及发展趋势［J］．农业环境科学学报，2017，36（8）：1595－1600.

[8] 温浩军，牛琪，纪超．地膜机械化技术现状及分析［J］．中国农业大学学报，2017，22（3）：145－150.

[9] 杨莹，白圣贺，马少腾．残膜回收机研究综述［J］．粮食科技与经济，2019，44（1）．

[10] 赵记军，唐继荣，李崇霄，等．甘肃省地膜回收利用机制新探索［J］．天津农业科学，2019，25（11）：80－83.

[11] 薛颖昊，孙占祥，居学海，等．可降解农用地膜的材料研究与应用现状［J］．中国塑料，2020，34（5）．

[12] 靳拓，薛颖昊，张明明，等．国内外农用地膜使用政策、执行标准

与回收状况［J］. 生态环境学报，2020，29（2）：411－420.
［13］ 周红. 农用地膜废弃物管理中的生产者责任延伸制探讨［J］. 中国环保产业，2008.
［14］ 张斌，金书秦，王莉. 生产者责任延伸机制在农膜回收中的可行性探讨［J］. 经济研究参考，2018（33）：23－33.
［15］ 严昌荣，刘恩科，舒帆，等. 我国地膜覆盖和残留污染特点与防控技术［J］. 农业资源与环境学报，2014，31（2）：95－102.
［16］ 赵岩，陈学庚，温浩军，等. 农田残膜污染治理技术研究现状与展望［J］. 农业机械学报，2017，48（6）：1－14.
［17］ 李忠杰. 可控降解地膜应用现状及发展前景［J］. 环境科学与管理，2006（2）：56－57.
［18］ 李明洋，马少辉. 我国残膜回收机研究现状及建议［J］. 农机化研究，2014，36（6）：242－245.